铿锵足音
——大庆油田井下铁军征程60年

《铿锵足音——大庆油田井下铁军征程60年》编委会 ◎ 编著

石油工业出版社

内容提要

为纪念大庆油田井下作业分公司成立60周年，本书全景记录了一支石油铁军跨越时代的奋斗史诗，以"创业奠基、矢志上产、改革攻坚、高质量发展"四个历史时期为脉络，精选百余篇纪实文章，生动诠释了"铁军精神"如何在松辽盆地上扎根、在逐油攻坚中突破、在改革浪潮中淬炼、在创新实践中升华。本书不仅见证了分公司从艰苦创业到行业领跑的跨越式发展，更折射出中国石油工业从经验探索到技术集成的演进轨迹。

本书兼具史料价值与实践指导意义，既可作为石油行业从业者的发展启示录，也可作为国有企业改革创新的典型案例集，为新时代能源企业高质量发展提供历史镜鉴。

图书在版编目（CIP）数据

铿锵足音：大庆油田井下铁军征程60年 /《铿锵足音——大庆油田井下铁军征程60年》编委会编著. -- 北京：石油工业出版社, 2025.4. -- ISBN 978-7-5183-7489-2

Ⅰ. P618.130.8；TE34

中国国家版本馆CIP数据核字第2025K1T380号

出版发行：石油工业出版社
（北京安定门外安华里2区1号楼　100011）
网　　址：www.petropub.com
编辑部：（010）64523760　图书营销中心：（010）64523633
经　　销：全国新华书店
印　　刷：北京中石油彩色印刷有限责任公司

2025年4月第1版　2025年4月第1次印刷
787×1092毫米　开本：1/16　印张：29.25
字数：235千字

定价：98.00元
（如出现印装质量问题，我社图书营销中心负责调换）
版权所有，翻印必究

《铿锵足音——大庆油田井下铁军征程60年》编委会

主　任：薛家锋　李昌军

副主任：范立华　林　亮　畅卫刚　张天君　杨令彦　王景跃
　　　　张海龙　马　锐　李　刚　兰乘宇　张永春　左远涛
　　　　王凤和　王　成　刘志东　秦大鹏　穆　超

编　委：（按姓氏笔画排序）
　　　　于晓宇　马　跃　丰梓晗　王　任　王　林　王　博
　　　　王大鹏　王书华　王兆蕾　王志武　王近莉　王金伟
　　　　王剑飞　王继东　王继锋　王雪璐　王燕妮　牛家强
　　　　田启亮　冯国栋　吕　沫　吕　经　朱星萁　刘　柱
　　　　刘　鹏　刘泽川　刘春阳　刘超赢　闫书城　许文魁
　　　　李　冬　李　明　李　波　李　思　李　倩　李振东
　　　　李锦超　杨清彭　吴　剑　吴大勇　吴林怡　吴明君
　　　　吴智勇　何　强　伯雪岩　宋恩泽　张　建　张　秘
　　　　张文鑫　陆明霞　范　超　罗华琴　郑　策　宗　磊
　　　　宗欣炜　赵丽婷　赵振江　胡月明　宫嘉浩　姚　坤
　　　　袁　琳　耿　赫　耿保彬　贾思琦　贾福全　徐丹丹
　　　　翁鲁强　高望祺　郭凤天　郭文川　浦　洋　涂　轩
　　　　崔艳丽　董俊豪　韩晓旭　谢丽敏　强　鸣　蒲　容
　　　　路漫漫

序言

井下——永远的铁军

为井下成立 60 年而作

大庆油田历史画卷波澜壮阔，展现出井下作业分公司（简称井下）恢宏跨越的 60 年。几代人奋斗和创业，书写着不同时代的壮丽篇章，创造出一项项辉煌灿烂的奇迹，镶嵌在松辽、川渝、塔东、海拉尔地区，镌刻在大庆油田勘探开发的历史丰碑上，为大庆精神铁人精神注入了生动的内容。

石油大会战，篝火学"两论"，孕育着井下铁军。那个年代，井下人艰苦创业，学铁人、做铁人，用钢铁般的意志，挑战人类生存极限，开始探索油田"三选"开发方式，为早期注水提供了经验。

"身穿冰结凌，风雪吹不进，干活出大汗，北风当电扇"，这是铁军的誓言，又是铁军的作风。1964 年 11 月，在大庆石油会战工作委员会（简称会战工委）领导下，萨尔图油田开展了大庆油田第一次分层配水会战，史称"101、444"会战。这次会战动用了 15 个作业队、11 个钻井队，集中了 7000 名工人，计划大干一个冬天，但只用了 45 天就完成了配水任务。这是会战的又一次严峻考验，是一次作风的升华，铁军的形象高高地屹立在大庆油田。

就在这一年，会战工委提出了"四定三稳迟见水"。1966年3月，会战工委正式提出了具有中国特色的大庆油田分层开采工艺——"六分四清"。井下铁军为大庆油田的开发做出了重大贡献。

1965年4月15日，大庆油田开展了"115、426"配水会战，召开了誓师大会。这一天，会战工委决定成立井下作业指挥部。安启元同志任党委书记，付积隆同志任指挥。

井下铁军从大庆石油会战中淬炼，走进新时代新征程。

井下铁军作风在大庆石油会战中形成，赓续血脉传承发扬。

一组组数据、一项项指标是井下人60年的奋斗史诗。它见证了井下铁军在大庆油田可持续发展、高质量发展中的贡献，记录了井下铁军在征程上的风采。

油田勘探到哪里，井下铁军就冲到哪里；油田开发到哪里，井下铁军就奋战到哪里；油田哪里有险情，井下铁军就会迎难而上。60年来，累计增油8576.8万吨，每年贡献原油143万吨，相当于一座超过百万吨的中型采油厂的产量，总增油量相当于大庆油田目前两年半的产量；油田自然递减率平均降低了约4%；累计压裂13.5万井次，年平均单井增油600吨；累计修井4.1万口，油水井利用率提高了3.5%。这些数字是井下铁军用苦干实干的汗水浇铸出来的，是用井下铁军的智慧刻写在松辽大地上的不朽印迹。

井下铁军，装备精良。一流的队伍、一流的装备。装备是铁军的武器，装备是企业实力和竞争力的象征。井下铁军把装备视为自己的生命。60年来，从当初只有几部老式的井下作业机，井下人为了大庆石油会战人休机不休，"誓夺头号大油田，干、干、干！"；到改革开放后，井下装备更新换代，向着自动化、数字化方向发展。现已拥有现代化的压裂车组18套，电驱压裂橇2组套，其中电驱仪表车、仪表车34台，混砂车37台；80吨到150吨修井机121台，连续油管作业机12台，特种工艺设备24台。从一般压裂到水平井分段压裂，从小修、大修，到特种修井，全天候的各种施工作业都可以满足。大庆油田井下作业分公司是目前国内最大的井下作业施工企业。"大庆井下"的品牌在国内油气田打响，在国外市场驰骋。

井下铁军，探索创新。60年来，井下铁军在挑战中前行。面对挑战，井下铁军敢于探索、敢于创新，在失败面前他们挺起脊梁，总结经验，奔向胜利的目标。这是井下铁军的性格和追求。漫漫征程路，科技结硕果。这些科技成果就像一串串明珠铺撒在60年的征程路上，光彩夺目，催人奋进。先后自主攻关、自主创新形成重大科技成果1000多项，荣获国家级技术发明奖、科技进步奖、科学大会奖共20项；省部级科技进步奖77项；油田级技术进步奖、创新奖175项。形成了传统与创新相结合的压裂技术，完善和创新了系列的修井技术。目前井下技术完全可以满足新时代油田的需求。井下作业分公司获得的重大科技奖项至今仍引领着油田开发，为油田增储提效开创新路。1962年，由井下采油工艺研究所所长刘文章及其团队自主研制我国第一代"糖葫芦"封隔器，为实现油田分层开采解决了重大问题，为形成"六分四清"开采工艺提供了关键技术，荣获国家技术发明奖一等奖；1985年，为了开发大庆长垣表外储层及薄差油层，自主研发了"限流法完井压裂技术"，增加可采储量 4 亿吨，荣获国家科学技术进步奖一等奖；2023 年，井下工程地质技术大队，通过创新缝网体积压裂和压裂驱油改造理念，攻关形成大庆油田注采不完善储层压裂有效动用技术，历经多年推广，新增原油产量 140.38 万吨，创造经济效益 3.8 亿元，荣获中国石油天然气集团公司科技进步奖一等奖，这项技术对于外围油田上产起到主要的支撑作用。井下铁军在当好标杆旗帜、建设百年油田的过程中，按照科技高水平自立自强方向，发扬大庆油田"三超精神"，在探索创新的道路上继续发挥铁军作用，绽放出新的成果。

井下铁军，队伍过硬。"过硬"是井下铁军的灵魂。井下这个队伍是铁人精神铸魂，思想硬、设备硬、作风硬，钢铁般的意志，坚韧不拔的精神，困难面前有我们，我们面前没困难。回首 60 年历程，井下铁军坚定的信念，就是把红旗一直扛下去。典型就是旗帜，典型就是方向。60 年来培养典型、树立典型，典型引路，旗帜鲜明。翻开井下的历史画卷，映入眼帘的是被石油工业部命名为"思想红、设备硬、服务好"的"红八号"水泥车组；被石油工业部命名为"三敢三严研究所"的原井下采油工艺研究所；被石油工业部命名为"井下作业硬七队"的原井下作业七队（现作业 102 队）等，以及"抓思想促技术的工程师"刘文章；"硬骨头战士"王武臣；"破冰下水紧绷绳"支茂春等。进入新时代，修井 107 队被命名为"战必用我、用我必胜"的修井铁军，被中共中央授予"全国先进基层党组织"；赵传利被选为大庆油田新时期"五面红旗"。据统计，60 年来，井下作业分公司涌现出各级先进集体 996 个，其中国家级 2 个、省部级 34 个；各级劳动模范 550 人，其中全国劳模 1 人、"五一"奖章获得者 2 人、省部级劳模 35 人。这是井下铁军的宝贵财富，他们是大庆精神铁人精神的创造者、实践者、传承者。在他们身上看到了大庆力量、大庆智慧。回答了大庆精神铁人精神在不同时期的传承和弘扬的重大时代课题，这就是当好标杆旗帜，建设百年油田的榜样和责任。

井下铁军，使命担当。井下人始终"不忘初心，牢记使命"，大庆油田从松基三井走来，井下铁军从大会战走来，大庆石油会战给井下植入了"大庆是党的大庆，大庆是共和国的大庆，大庆是全国人民的大庆"基因，听党话、跟党走，是井下铁军最本质的特征，是最大的政治优势。大会战时期，井下铁军在油田开发上，创新井下作业优势，"有条件要上，没有条件创造条件也要上"，成功地进行了分层配水会战、分层配产会战，为"六分四清"做出了贡献；改革开放时期，井下铁军解放思想，实事求是，转变观念，在改革上走在了油田的前面，创造了新鲜经验，得到大庆油田党委的肯定和推广；进入了新时代，井下铁军高举习近平新时代中国特色社会主义伟大旗帜，用中国式现代化推进当好标杆旗帜，建设百年油田宏伟目标，肩负起重大责任，作业施工增油2024年达到167万吨，他们正向着增油200万吨冲刺；作业施工设备进一步提升自动化、智能化的水平，为建设世界一流现代化油田做出井下的贡献！

"雄关漫道真如铁，而今迈步从头越"。井下铁军60年书写了历史，创造了辉煌；井下铁军一定会在创建百年油田美好未来的宏伟蓝图上书写壮丽诗篇。

66年的大庆油田根深叶茂、依然年轻。60年的井下生机盎然、华彩绽放。新时代新使命让井下铁军肩负起新的责任，在建设百年油田的伟大实践中披荆斩棘，乘风破浪，高扬成长"第二曲线"，为大庆油田当好中国石油能源安全的压舱石交出一份时代答卷！

大庆石油会战，井下铁军！

改革开放时期，井下铁军！

新时代新征程，井下铁军！

战必用我，用我必胜！

尤靖波

2024 年 12 月 16 日

目录

第一章 肇始拓荒，霜雪铸魂
　　　　看会战初创众志成城，井下铁军挥斥方遒

英雄井下人挺进荒原…………………………………3
"糖葫芦"封隔器堪比九天揽月………………………9
"红八号"车组红遍整个战区…………………………16
"101、444"会战打响井下品牌………………………22

第二章 矢志上产，热血逐油
　　　　战雄关漫道闯关夺隘，井下铁军荣光昭显

成立　开启井下新纪元………………………………31
周总理视察丰收村……………………………………35
"五过硬"作业队披红戴花……………………………39
打好"六个歼灭战"……………………………………44
"三突破、四配套"压裂工艺新途径…………………48
"华罗庚热"攀登新的科学高峰………………………51
一年三百六十五天办公，一天二十四小时管生产…55
高产五千万　科技做贡献……………………………59
"工业学大庆"看井下风采……………………………64

第三章 **夯基筑垒，革故鼎新**
越改革浪潮奋楫争先，井下铁军再启新程

改革　构建高效运转新体制 ················ 71
用经济方法管理经济就是好 ················ 75
要有"第一次吃螃蟹"的勇气 ··············· 81
油井的"主治医师"——修井大队 ············ 84
开启现代企业制度新航道 ·················· 88
关怀　永久的动力 ························ 92
英勇抢险　制服"气老虎" ·················· 96
"六要五治"　提升井下现代化管理能力 ······· 100
镇守"南大门"　作业铁军铸丰功 ············ 104
深入开展"学普创"　队队都是好榜样 ········· 109
工具更新换代　保障能力提升 ·············· 114
反承包　外方亮出最高分 ·················· 118
内求聚合筑根本　外求拓展显雄风 ·········· 122
叫响"大庆铁军" ························ 127
以基层为根　以员工为本　下管一级
内部模拟市场 ·························· 131
以"全国用户满意"擦亮井下品牌 ············ 136
绿色施工初体验 ························ 141
着力打造"井下制造" ···················· 146
驭难飞天　构建庆阳模式 ·················· 150
一切为了油田健康 ······················ 155
升深 2 井"战场"英雄凯旋 ················ 159

打造"四个井下" 建设国际一流

石油技术服务公司……………………………………164

奏响"和谐井下"最强音………………………………169

砂液赋能 打通增油"快车道"………………………173

草原筑梦 书写石油铁军传奇………………………177

展翅千岛 井下作业国际市场崛起…………………182

晋城速度 打开发展蓝天……………………………186

破茧再塑 勇踏专业化新征途………………………190

"5831"工程发力 护航油田持续稳产………………194

以爱为笔 绘就登峰广场和谐画卷…………………198

"四增"指引优势倍增…………………………………203

与时间赛跑 大庆精神再绽光芒……………………208

方402井：生死穿越…………………………………213

"工厂化"开启大规模压裂新篇章……………………218

机关基层同奋进 共谋发展强管理…………………223

"七给七让"获殊荣……………………………………228

坚持做到"三句话"：压裂铁军
开拓市场的制胜法宝………………………………233

小小民主联系人 搭建民主大舞台…………………238

一张联系卡 沟通千万家……………………………241

第四章 **精锐特旅，向心百年**
探成长曲线旌旗在望，井下铁军舍我其谁

大压裂时代：千方砂舞 万方液涌…………………249

圆梦！海外酬壮志……………………………………254

破局开路：特种作业的先遣队……260
赓续"硬七队"精神　展现新时代风采……265
科技创新：跨越"万水千山"的技术"苦旅"…269
师徒携手共奋进　薪火相传谱新篇……277
听！井下的声音……282
即配即注——施工现场的创新突破……286
"两册"在手　工作无忧……291
"中央厨房"暖胃又暖心……295
当好"血液中心"　专注润滑服务……300
为前线生产备好"粮草"……305
特效处理　"修"字在先……309
党务"教科书"……314
特种作业"顶压"前行……318
攻坚"南一区"……322
征战华北　扬"煤"吐"气"……327
"铁军大讲堂"讲得心里亮堂堂……333
"川"越千里鏖战　矢志不"渝"争气……337
让"万能作业机"更万能……343
"铁军"海外交"铁瓷"……348
蒙古国逆境"突围"……353
铁军"火力"盛　撬动页岩油……359
打造"四高四能""特种部队"……364
"特种部队"跟党走……370
老标杆　新活力　修井107打造"样板工程"…374
"红八号"传奇再续……379
"五能"让平台化运行更行……384
华丽转身启新篇……389

一张"白皮书"折射出的"早细严实" …… 395
"六大工程"开启新征程 …… 399
破纪录100口 …… 404
突破"非常规" 挑战"不可能" …… 409
物料出厂 直达现场 …… 414
"聚育理用" 激活人才管理一池春水 …… 418
铁军育铁苗 百年不抛锚 …… 423
数智化春风吹响铁军号角 …… 428
走好服务一小步 基层管理大跨步 …… 432
铁军文化助井下"强筋健骨" …… 436
"一亮四不离" 星火终成燎原之势 …… 442

《井下铁军战歌》 …… 448

后记 …… 449

第一章

肇始拓荒,霜雪铸魂
看会战初创众志成城,井下铁军挥斥方遒

会战之初，雪原苍茫，何处为峰，谁人能登？

风云激荡，英雄并起，数风流人物，且看井下作业人。

彼时新中国，内忧外患，然英雄儿女，心向油海，志比金坚。井下作业人，似破晓曙光，自五湖四海奔赴荒原，百战夺油。

20世纪60年代初，玉门、新疆、青海的修井队、试油队、注水队与钻井队齐聚于此，共组井下作业大军，拉开大庆油田井下作业施工大会战的磅礴序幕。

这是一场与石油的热血之约。然而霸权主义的封锁，如乌云压顶。但压不弯铁军的脊梁，井下会战职工与家属，坚持"两论"起家，于困境中崛起，一心为祖国争光、为人民争气。他们无畏艰难，在冰天雪地中，以钢铁般的意志，奏响艰苦创业的激昂战歌。

"身穿冰结凌，风雪吹不进，干活出大汗，北风当电扇"，这是何等的硬骨头精神！凭借着这股气，他们一路披荆斩棘，一举拿下"101、444""115、426"分层配水和"146"分层配产百口油井会战的辉煌胜利。艰苦卓绝的会战，锻造了一支油田改造挖潜的井下作业专业队伍，更在大庆油田发展的历史长河中留下滚烫的史页。

会战的风雪，是磨砺，更是洗礼。每一次的拼搏奋进，每一次的无畏坚守，都化作精神洪流，为井下铁军铸魂，让这支队伍成为一面猎猎旗帜，激励着一代又一代的井下人团结一心，奋发大干，砥砺前行。

英雄井下人挺进荒原

新中国成立前,"中国贫油论"的说法一直深扎在很多人心里。外国媒体极力炒作,连很多中国人也这样认为。一直到新中国成立后,没有人看好中国石油工业前景。大庆油田的发现,让"中国贫油论"的帽子甩到了太平洋。

"松基三井出油后,我有一种强烈的预感:松辽盆地可能会有重大的突破。"余秋里在他的回忆录中这样写道。但鉴于以往的教训,为了避免再出现四川那样说空话的现象,石油工业部决定:松基三井出油,不急于对外宣传。埋头苦干,进一步加强松辽地区的勘探工作,把工作做扎实。

1959年9月29日,石油工业部党组向党中央和毛泽东主席报告——"目前原油生产已处于主动,第四季度可以腾出手来,以更大精力来抓勘探。"

"松辽地区目前已有一口探井出油,需要采取更快的速度把油田早日定下来。"

一个月内,石油工业部党组先后三次听取松辽局汇报,研究扩大勘探问题。决定先布置63口探井井位,分两个步骤进行:第一步,以高台子、葡萄花地区为重点,到1959年底先拿下一批探井;第二步,1960年初再铺开一批探井,扩大钻探。为此,石油工业部党组还从四川局调给松辽局一批打中深井的钻机和井队,并指定各个部门全力配合这件事。

1959年10月26日,石油工业部党组扩大会议在北京华侨大厦举行。参加会议人员除了石油工业部的领导以外,还有各石油局厂的主要领导。这次会议主要是明确今后的方针任务,总结经验,提高认识,统一思想,加强团结,迎接好1960年的大发展。各石油局厂全部动起来,年底松辽局的大中型钻井队便已增加到23个,还配备了电测、固井、射孔等队伍,地球物理勘探和地质综合研究力量大为增强。

1960年新年刚过,松辽大地接二连三传来喜讯。部署在葡萄花构造上的葡7井于1月7日喷油,紧接着葡20井、葡11井、葡4井等相继出油。

石油大军五湖四海聚松辽

那时余秋里到上海参加中央政治局扩大会议,毛泽东很关心松辽局的勘探情况——

"余秋里同志,你那里有没有一点好消息啊?"

"是的,主席!从目前的勘探情况来看,松辽有大油田!"

"呵,有大油田?"

"是的,主席!我刚从黑龙江回来,留有余地地说,有可能找到大油田;如果不留余地,大胆地说,大油田已经找到了。我们正在加紧勘探,半年左右就有眉目了。"

"好哇!有可能的,能在半年内找到也好啊!"

随后的勘探中,石油工业部在松辽一带划分的三个探区相继传来喜讯。

3月1日,萨66井在钻井过程中见到了油砂。

3月12日,萨66井在试油中喷出了高产油流。

这是一个新的突破,标志着长垣高产富集区的发现,对加速会战进程,完成会战任务具有重大意义,好消息也接踵而至。

3月17日,杏66井开钻。

3月28日,长垣最北部的喇72井开钻。

4月8日,杏66井试压合格完井,喷油后用9毫米油嘴测试,日产原油90吨。

4月18日，喇72井完工，喷油后用5毫米油嘴测试，日产原油48吨。

这三口井的相继喷油，证明了长垣北140公里处，东西10公里范围内都有工业油流，总面积超过800平方公里。更让人兴奋的是，越往北油层越厚，原油产量越高。

这便是大庆油田历史上的"三点定乾坤"。"三点定乾坤"和随后的"挥师北上"，对于当时尽快拿下大油田都起到了至关重要的作用。

大庆会战，首先需要人。

2月13日，石油工业部党组给中央写了《关于东北松辽地区石油勘探情况和今后工作部署问题的报告》。仅仅七天，中央便将报告批转给了华东局、黑龙江省和其他有关省、市、自治区的相关部门和党组，批示上——

上海局，黑龙江、吉林、辽宁、甘肃、青海、四川省委，新疆维吾尔自治区党委，国家计委、经委、建委党组，地质、冶金、一机、铁道、交通、建工、劳动、外贸、水电、邮电、石油工业部党组：中央同意石油工业部党组《关于东北松辽地区石油勘探情况和今后工作部署问题的报告》。现发给你们，望予支持和协助。石油工业部为了加快松辽地区石油勘探和开发工作，准备抽调各方面的部分力量，进行一次"大会战"。

关于支援松辽石油会战的会议纪要

这一办法是好的,请各地在不太妨碍本地勘探任务的条件下,予以支援……

大庆石油会战一经打响,所有人心里都像燃烧着一团火,恨不得一锹就能挖出石油来。黑龙江省委领导多次公开表示,大庆在黑龙江,我们一定要尽最大的努力。

全国各地都按照中央的指示精神,全力支持大庆石油会战。军人、干部、工人、科技工作者、各种设备、工具、生产物资,从四面八方迅速向大庆集结。

井下铁军正是那个时期,从玉门、新疆、青海调来的修井队、试油队、注水队和钻井队转行组成的,当时称为松辽战区井下作业施工队。

1960年4月16日，松辽石油勘探局第三探区指挥部下设试油大队。7月22日注水区队、特种作业区队组织机构成立。10月12日，采油指挥部成立，下设了试注修井大队。

1961年3月6日，采油指挥部党委发文，成立试油大队。7月2日，（61）松人焦字第48号批准采油指挥部下设井下技术作业处，技术作业处设立了政治处，下设四个总支和四个直属支部。

自此，在"天当房地当床""五两保三餐""野菜包子黄花汤"的艰苦岁月里，井下作业人的名字和身影在大庆油田扎下了根。

"糖葫芦"封隔器堪比九天揽月

大庆油田地处高寒地带，地下原油又是高含蜡、高熔点、高稠度，开采、运输都十分困难。

这些不是光靠"人拉肩扛"的拼命劲儿就能解决的。井下作业处的科研人员一不怕没有条件，二敢较真。"糖葫芦"式封隔器就在这样的条件下被生产发明出来，一下攻克了当时世界上的难题。

如果说产油与高产是油田的命脉，那么"糖葫芦"式封隔器则是能决定油田命运的关键所在，称得上是照亮发展前路的一颗明珠。

1962年初，采油工艺攻关大队队长刘文章前往北京参会，当时封隔器的技术攻关已近半年，他如实地向石油工业部副部长康世恩汇报了封隔器情况。

"搞封隔器的问题，要从油田的实际出发，创造自己的东西。"

康世恩一边说，一边用铅笔画起了草图。

"就搞这样的封隔器，单个像皮球，串成多级就像糖葫芦，用橡胶做成，能大能小。这样对多油层能封得住，不用时能拔得出。我看叫它一个'糖葫芦'封隔器吧！"

刘文章把部领导的关怀和设想带回了大庆油田。采油工艺攻关大队的同志们听后一下开了窍，很快画出了第一张方案设计草图。

1962年9月，会战工委决定成立采油工艺研究所，由当时大庆地质指挥所的采油工艺室，采油指挥部的攻关队和井下作业处的拍克队合并合成。刘文章被任命为井下作业处副总指挥兼采油工艺研究所所长，带领大家继续攻关封隔器。

采油工艺研究所成立没多久，第一次原理试验开始了。技术人员万仁溥现场指挥，先在油管上套一个长胶皮筒，两端再用钢丝绑紧，下面装一个单流阀模拟注水加压，检验胶皮是否能胀开。通过打压，胶皮逐渐胀开和套管壁越贴越紧。压力打了20分钟，胀起来的胶皮筒稳压了20分钟。注水停止，放压后，胶皮又立即恢复到原状。

试验成功了！可紧接着第二次试验，打压到15公斤时，胶皮筒就破了，没有达到要求。这下胶皮筒的强度成了急需攻克的难关，一部分人前往大城市的大型橡胶厂寻找不同材料的胶皮筒，另一部分继续试验。

可制作的胶皮筒样品始终没经起试压的考验。

5月下旬，石油工业部部长余秋里来到大庆油田检查指导工作。刘文章汇报了封隔器胶皮筒不受压的情况，余秋里这样讲——

井下采油工艺研究所科技人员在施工现场研究技术难题

"我估计你们会遇到困难,但光着急是没有用的,重要的是总结经验,没有不失败的科学试验,但失败后必须总结。只要能把封隔器给攻下来,要天上的月亮,我也想办法给你们摘。"

这对大家的鼓舞极大,当天所里便召开了誓师大会,坚定表示——

"哪怕是掉几斤肉,脱几层皮,也要把封隔器拿下来!"

会后立刻收到同志反映,哈尔滨有个"北方橡胶厂"能合作,但这个工厂设备简陋,技术力量薄弱。听闻这个消息,刘文章立马向上汇报。

会战工委领导直接给哈尔滨市市长写了一封求援信,

市长看到来信，表示全力支持并决定：由化工局统筹安排，把胶皮筒作为市科研重点项目之一，解决技术力量和短缺材料，组织全市大协作，定质量、定要求，限时拿出来。

采油工艺研究所专门派了四五名同志和北方橡胶厂的同志在厂里同吃同住同战斗。

耐压问题是首先要解决的。按照以往的试验，加一次拉筋，耐压度就会提高一步。可拉筋加得多，弹性就下降且变形很大。

能不能改变拉筋排列形式构造？与提高橡胶质量同时进行，果然耐压性和弹力指标一次比一次好。

胶皮筒试验还必须模拟地下的真实条件。没有钻井队配合搞模拟实验，就自己创造打模拟井。用改造螺纹管当钻头，两寸半的油管代替钻杆，两把四十八寸大管钳夹住油管，用人推着转就当转盘；钻具压力不够，就在管钳上站两个大个子工人师傅。

就这样，大家不知道在地上踩了多少个圆圈。两天两夜下来，终于打成了三口九米多深的模拟井。让胶皮筒试产一批，便能在地下试验一批。

总结，改进，试验。从夏天到冬天，四百多个日日夜夜都是这样过来的。历经千余次地面试验，百余次井下试验，能耐二百个大气压而不变形的合格"糖葫芦"封隔器终于研制成功了！

那是12月初，会战工委领导高兴地来到三排十八井观看现场试验。一大串"糖葫芦"慢慢送入井中，一切就绪。

"开泵！"

油压表的指针随即抖动起来，五十、一百五、一百六……二百！套压表纹丝不动地停在"零"处，这说明封隔器绝对密封。

"放压！"

油管起出井口，"糖葫芦"没有丝毫变形，刘文章兴奋地宣布："糖葫芦封隔器试验成功！"

在场全体科技人员都兴奋起来，欢呼着："我们攀上了世界注水技术的高峰，我们是世界领先水平！"

"糖葫芦"封隔器试验成功得到了石油工业部、会战工委的充分肯定。

天上的月亮摘不摘得到是未知，但难关是真真切切攻下来了，余秋里感觉很欣慰。

"我代表大庆会战工委向你们表示衷心的感谢！我们只有掌握了高科技，才能把大油田开发好，管理好！我谢谢同志们！谢谢同志们。"

"有了这种封隔器，在油田注水开发中，就实现了想注哪层就注哪层，想堵哪层就堵哪层。我们掌握了注水主动权，油田长期高产稳产就有了保障！"康世恩这样讲。

"会战工委决定奖励我们一头大肥猪！"会战指挥部副指挥焦力人直接向大家宣布了好消息。

大家围上拉大肥猪的解放槽子车，几位工人跳上车去，把大肥猪往车下抬，每个人脸上都是幸福、自豪的笑容。

"糖葫芦"封隔器是我国第一代水力压差式封隔器。

1962年，萨中油田中区在不到三年时间内，见水井数已占第一排油井的42%，全区含水率达7.2%，仅采出全区地质储量的4.18%。这就是当年石油工业部副部长康世恩所说的"注水三年，水淹一半，采收率不到5%"。

刘文章（右）在车间与技术人员一起讨论研制封隔器

松辽石油会战领导小组对此高度重视，这也是康世恩直接组织科技人员进行调查研究，分析出现这一问题的基本原因。

"糖葫芦"封隔器试验成功后，采油工艺研究所又相继完成相关配水器和配套技术攻关，从而形成了以475-8型封隔器为主体，由固定式或桥式配水器组成的同井分层配水工艺技术，为解决油田开发过程中所暴露出的层间矛盾、平面矛盾和层内矛盾创造了条件。

1965年，"糖葫芦"封隔器技术获国家发明奖。大庆油田会战工委作出了《关于开展向采油工艺研究所和刘文章同志学习的决定》（简称《决定》）。《决定》指出，采油工艺研究所是发扬"敢想、敢说、敢干"的革命精神和"严肃、严格、严密"的科学精神的研究所。从此，"三敢三严"精神作为宝贵的精神财富代代相传，并一直被大庆油田科研技术系统选树为标杆。

"红八号"车组红遍整个战区

大庆精神的具体内涵，在"红八号"车组得到了生动诠释。

——"人听党的话，车听人的话"的高度主人翁精神；

——"车上掉块漆就像脸上蹭块皮"的爱车如命的精神；

——"人的岗位在车上，车的岗位在井上，一心保前线为油田奉献"的精神。

正是有了这种精神，"红八号"车组续写了安全行驶53万公里，全机运转4万1千小时，大泵2万多小时无大修的奇迹。

"红八号"车组的第一任车长，是名扬战区的侯祖耀。

1960年3月，侯祖耀离开故乡湖南，告别军营生活，来到了松辽平原。他发挥会开汽车的一技之长，在茫茫草原上为开发大油田东奔西走。

1960年9月，会战指挥部从新疆调来9台捷克太脱拉柴油水泥车，来满足高压排液任务的需要。

"洋玩意"一到，有喜也有忧。太脱拉水泥泵排量大、压力稳，一台顶原有的几台，高压液排不再愁。

可谁来驾驶却成了难题。进口一台太脱拉要18万元，相当于当时100多万斤粮食，这样身价不菲的宝贝，必须交给手法过硬的驾驶员。同时，捷克专家也要求，驾驶员必须具备三级以上技术水准，符合要求的司机寥寥无几。

正值中区七排井上注水试验，急需大排量水泥车，太脱拉定岗出征刻不容缓。转业战士侯祖耀临危受命，接下了"八号"太脱拉水泥车。侯祖耀在部队只开过汽油车，对柴油机一窍不通，对进口柴油车就更谈不上了。

如何尽快掌握太脱拉水泥车的驾驶和修理技术？国外的驾驶技术书籍随身带，被翻得起了毛边。弄清底盘结构都有什么，侯祖耀一周钻进车底36次，摸清全车18000多个零部件的性能用途和42个黄油润滑点，将太脱拉车的驾驶、小修、保养、常见故障排除等技术了然于心。

1960年9月，井下注水试验使用的水泥车

太脱拉有上万个零件，进口车材料紧张，零部件一旦损坏，严重影响生产连续性。"红八号"车组人员个个能进行车辆二级维护、保养，解决车辆常出现的小问题不在话下。

机油滤子更换频繁，就用新毛巾包在外层，继续使用。轮胎磨得差不多了，就把废旧轮胎割成片，垫在内胎之间。打黄油费劲，就买奶嘴套上，36个黄油嘴打得又快又干净。这都是侯祖耀的小妙招。

"人听党的话，车听人的话，宁可车等井，不能井等车。"会战期间，"红八号"车组是这样宣誓，也是这样千方百计保前线的，创下了特种设备出勤率、工作质量、安全生产、完成任务均100%的最高纪录。

"人巧不抵家什妙，太脱拉性能好，在车辆少、条件差的情况下，我们更应该珍惜它、爱护它，发挥它的作用。"

不仅侯祖耀如此，"红八号"车组人员都把车当成自己的孩子。每次交接班时，都要喊"宁可身上掉块皮，不让车辆掉块漆"的口号。一有时间，大家就擦车、检车，怕把车弄脏弄坏，都是脱了鞋光着脚上车，一个部位一个部位地注黄油，一个螺栓一个螺栓地拧紧。

雨后的井场遍地泥污，但"红八号"车每次交接班都是干干净净，底盘大梁显出锃亮的本色，叶子板底下一点泥都不沾。

那时的大庆油田，铺装路很少，即便有路，路况也极差。车组人员始终遵循"四稳""六慢"的驾驶原则，遇上水沟、坑洼地带，都要下去探查，捡石头、砖头垫平路后才通过。当时柴油质量也不高，直接加入油箱，会造成油路堵塞，车子直接罢工。

"图省事可不行，天越冷越不能马虎，不然车就要出毛病，耽误生产是大事。"

侯祖耀带领车组人员，哪怕是数九寒天手脚冻得红肿，也始终坚持使用柴油"五过滤"，从未让"红八号"车因为油品问题出过毛病。日积月累，"四勤""三查"的保养经验被总结了出来，还首创了大庆石油会战初期特种设备岗位责任制并得到推广，为大庆油田开发建设作出了突出贡献，赢得了很高荣誉。

1961年3月28日，石油工业部机关党委决定组织学习侯祖耀同志的先进事迹。油田会战工委作出了《关于在全战区开展学习侯祖耀同志爱机器、勤保养、出勤率高、服务好运动的决定》。从此，"红八号"成为战区机器设备、机械维修战线的一面先进旗帜。

那时候设备少，工作量大，人跟着车转，任务没完成，绝不离开井场。"红八号"车组人员，加油不离井场、一级保养不离井场、吃饭不离井场、不完成任务不离井场，时刻保障着油田会战。

"人的岗位在车上，车的岗位在井上。"

侯祖耀就是这样一心保前线的。一次连续工作了两个昼夜，躺下没到两个小时，队长叫醒他。

"北一站要车，你把钥匙给我，我去。"他一听立马翻身下了床。

"哪能让别人替我工作，我在家睡觉。我的岗位在车上，车的岗位在井上，这是我的天职。"

就这样，侯祖耀连续作战了六个昼夜，直至完成全部任务。

"红八号"车组人员一心为油田，总是把方便留给井队，把困难留给自己。施工前，他们会提前了解施工队伍需求，碰到井上活多的时候，就下车跟着作业工人一起干，

会战时期的"红八号"水泥车

每次完成任务，他们还会做回访，征求改进意见。大家都说，只要八号水泥车来了，完成任务就有了一半的保证。

一代代"红八号"车组人员的接力下，"红八号"精神历久弥新——

1960年，"红八号"车组被石油工业部授予"注水尖兵"称号；

1966年，"红八号"车组被石油工业部命名为"思想红、设备硬、服务好的油田红八号水泥车组"；

1976年，"红八号"车组被石油工业部命名为"永葆革命青春的油田红八号"。

如今，"红八号"车组虽已退役，但"红八号"精神红了整整一个甲子，一直到今天。

学习侯祖耀先进事迹现场会

"101、444"会战打响井下品牌

身穿冰结凌,风雪吹不进,干活出大汗,北风当电扇,原油喷喷香,衣脏心不脏,为国献石油,血汗愿洒干,为了'101',刀山也要上……

当年"101、444"生产大会战就是这样,丝毫不逊色于上刀山下火海。

1964年11月,北国的冬天已经冰天雪地。

大庆石油会战已进行近五个年头。当人们吃尽千辛万苦,靠自己的双手把一座座油井矗立荒原,把一车车浸透着馨香的原油送往祖国各地,紧锁的眉头刚刚有点舒展开的时候,地下又出了毛病。原来黏糊糊的原油,现在从地下喷出来却渗进了水,而且单井日产油量比以前减少了许多。

会战职工又紧张起来!调查、测试、分析、论证……

一切出乎人们的意料。已经投产的油水井中,有101口井的444个层位,由于全部采用笼统注水,结果使油水层之间发生串槽。本来应该注进水层的水,却钻到油层里面,雪上加霜。

这该怎么办?石油工业部大庆石油会战工作委员会办公室里,各路有关将领全部到齐。在前一段调查、分析和

充分准备的基础上，战前最后一次紧急会议正在紧张地进行……

会战工委主要领导郑重向大家提出：为了从根本上改变油田开发面貌，保证油水井在一定开采速度下稳产，尽快提高采收率，必须克服面临的一切困难，封堵串槽，分层注水，攻克"101"，拿下"444"。

至此，由采油和钻井指挥部组成的39个作业队，有近7000人参加，是油田开发以来第一次向地下进军的"攻克101口井，拿下444个层段"配注任务大会战，轰轰烈烈地全面展开了。

这里，我们仅摄取几组小小的镜头——

镜头一：老君庙和克拉玛依

石油人之间流传着这样一句话，"为了夺回'老君庙'，我们可以不睡觉，为了再找一个'克拉玛依'，我们宁愿不休息"。话中之意，就是如果通过努力，能使油田采收率提高1%，等于夺回一个老君庙油田，如果提高3%，等于又找到了一个克拉玛依油田。

朴实的语言，体现了广大职工崇高的思想境界。

崇高的思想，代表了全体参战人员的英勇行动。

1208队工人常乐人，当年在老家安排的婚礼正赶上会战，队里批了假，"结婚晚几天，顶多晚当几天爸爸。可少出一天油，损失可就大了。"他没有走。

老工人韩振武的小孩已经三岁多了，这个当爹的还没见过。家里三番五次催他回家，"'101、444'战斗这样紧张，回家就等于临阵脱逃，见了小孩心里也不能舒服。"他说啥也不走。

气温 –30℃，滴水成冰。作业一队工人施仁德，井架倾斜，他不顾别人阻挡，跳进齐腰的冰水中，摸索紧绷绳校正，冻得嘴唇发紫，出来后一度连话都说不出来。

大庆油田科技馆分层注水生产大会战展区沙盘模型——
攻克"101"拿下"444"施工现场

作业六队在北13-46井下油管，风吹得油管空中乱晃，十分影响进度。共产党员樊明成二话没说，爬上14米高的井架扶稳油管。油管稳了,速度快了,可身体却冻僵了。3个小时过去,油管下完了,樊明成却是让人架下来的。

"自己是个党员,关键时刻能为油田作点贡献,站在最艰苦的岗位上,这都是应该的。"他平和地说。

正因为有了这样一大批敢于战天斗地、顽强拼搏的钢铁战士,"101、444"在他们面前只能乖乖地认输。

镜头二:只要能把技术学到手,再苦也值得

北Ⅰ-30-5井,作业十队在下油管,平均每根1分11秒;

北Ⅰ-3-47井,钻井1245队以7小时55分连续封堵4个层段;

北Ⅰ-3-63井,作业十三队配注全部时间8小时……

这样的时效在以前根本没有过。这些当年创最高纪录的数字,准确、详实地记录下了会战中石油人在技术上"比、学、赶、帮、超"的动人场面。

对于刚从钻井转入作业的队伍来讲,技术不熟练是一大难题。

不熟?练!

"101、444"会战,11支队伍专门组织了18次现场会,29次小型参观取经,交流施工管理组织方法、作业经验,学习封隔器组装技术,比起来,学起来,赶起来,帮起来,

"超"就交给时间来记录。

钻井1245队转入作业后，直接派人到作业六队跟班学习。边学边干，不懂就问，学了就用。有时在井口一蹲就是七八个小时，只为弄懂封隔器的组装和下井技术。西北风吹得他们手脚麻木，嘴说不出话。尽管这样，也没有人放弃任何一次学习机会。

中3-13井是一口套管变形、工艺技术比较复杂的井。有队伍上了一次没有成功。钻井1247队听闻后，直接把作业六队的技术员、地质员请到队里现场讲解示范。硬是凭着虚心好学、发奋图强、不达目的不罢休的精神，仅用七天时间就快速、优质地攻下了这口井。

镜头三：只要上边不开会，干部什么时候也不回家

"火车跑得快，全凭车头带"。这话细琢磨起来，不无道理。

油田大会战，参战职工之所以能够处处打硬仗，就是因为这么一辆马力大、动力足、方向明的火车头——敢于严格管理、处处以身作则的干部队伍。

作业三队在东3-2井施工时，技术员丈量油管两次便准备下井。指导员发现后严肃批评了他，"质量标准要丈量三次就必须遵守。对油田负责，一分也不能抢，争速度，一秒也不让。"

1964年11月，井下作业职工顶风冒雪开展"101、444"分层注水生产大会战

从点滴做起，各个队的干部就是这样严格要求，严格管理。会战期间，安全起下油管400多次，累计长度近50万米。

作业三队指导员唐中泽同工人一起劳动，鼓舞士气，拼的就是超前完成任务。一旦气候恶劣，都是白班连夜班，一个多月下来，人瘦了28斤。

作业六队队长杨广福、1208队队长朱子初，一遇到复杂情况，关键岗位上肯定有他们，最多连续顶岗四个班次。

作业七队技术员张传富，严细认真，曾两天不睡，一心顶在井口。

"干部劳动时间比我们工人还长，身上的油泥比我们还多。只要上边不开会，他们什么时候也不回家。"

"作业队就是我们的家！"

"101、444"会战，刷新了井下作业的各项纪录。在作业后的101口井当中，85口为质量全优井。在全部的486道工序中，87.4%做到质量全优。各项资料是齐全准确的，数据是真实可靠的，技术工艺也有了新进展。

一支全能的井下作业队伍，继续改造油层、征服油层，守住了油田高产稳产的良好开端，也在开发大庆油田的井下作业史上留下光辉的一页。

第二章

矢志上产，热血逐油
战雄关漫道闯关夺隘，井下铁军荣光昭显

献石油，井下热血战霜寒。立报国，攻坚破难，鼓角相闻，与谁比高？

五千万，油田高产铸荣光。守伟业，信念如磐，莽原万里，铁军在此！

井下作业指挥部成立之际，便肩负起大庆油田改造挖潜的重任，如同一柄利刃，直插油田发展的关键之处。井下作业人始终心系油田，矢志上产，热血逐油。

那时的大庆油田，面临着诸多严峻挑战。地下含水不断上升，暗流汹涌，威胁着油田的稳定；老区产量逐渐递减，壮士暮年，显出几分力不从心；产能建设不配套，拼图缺失，制约着整体发展。

困难面前，井下作业人遵循大庆油田"攻坚啃硬、再夺高产"的开发方针，坚持"两分法"前进，实行"一年三百六十五天办公，一天二十四小时管生产"管理制度，"猛攻配产、狠上试油、大搞酸化"，做到工人三班倒，班班有领导。如同紧密协作的齿轮，高效运转，为大规模的油层改造挖潜积累了宝贵的生产组织管理经验。

壮志凌云，焉能不勇攀高峰？井下作业人紧紧围绕油水井压裂这一主要施工项目，不断探索创新，最终形成了压裂砂筛选和压裂液配制"两条龙"，压裂管柱、压裂设备和压裂现场指挥系统"三配套"的先进压裂工艺。这一成果，是献给大庆油田的一份厚礼，为大庆油田勘探开发和上产5000万吨立下了汗马功劳。

成立　开启井下新纪元

20世纪60年代初，一场轰轰烈烈的石油大会战在松辽盆地如火如荼展开。

1965年4月15日，这个当年叫作"豆秸会社"的地方张灯结彩，锣鼓喧天，一场别开生面的"井下作业指挥部成立大会"让在场的每一个人心潮澎湃。

井下指挥部成立的那天，大庆的天空风和日丽，万里无云。在井下作业指挥部门前的空地上，24辆平板车组成了一个大舞台，舞台左右两边各是一部苏式联合作业机，井架直立，井架顶上都插着一面鲜艳的五星红旗。

两部井架之间横向拉紧一条宽红布会标，上面写着：大庆油田井下作业指挥部成立庆典暨确保大油田高产稳产"115、426"油井分层配产大会战誓师大会。

每部井架正面都悬挂起一大条幅标语，两边分别写道：垂心铸魂锤炼一支能打大仗恶仗四季常青井下作业野战军！攻坚啃硬科技领先打好油水分层配产大会战为油田高产稳产作贡献！

主席台中央大红幅布上悬挂着毛泽东主席的巨幅照片。会议主持人宣布庆典大会开始，石油工业部和油田领导分别宣读了相关文件与贺电，大庆油田政治部主任宣读了大庆油田党委关于组建井下作业指挥部领导班子的决定：

井下作业指挥部党委书记：安启元；党委副书记：石军、程伯鹏；党委委员：安启元、付积隆、石军、程伯鹏、裴虎全。

井下作业指挥部指挥：付积隆；副指挥：裴虎全、刘文章、李清明、张立中、侯祖耀、万仁溥、刘彬、李学尧。

1965年4月15日，井下作业指挥部成立大会现场

井下作业指挥部由采油一部井下技术作业处、采油二部井下技术作业处合并组成。刚组建的指挥部机构设置是：五基工作办公室、调度室、工程科、计划科、财务科、机

动科、安全科、人事科、地质大队，生产前线配备了28个作业队。

当时井下作业指挥部在管理上分两个层面，主体生产作业队直接归指挥部管理，另一部分后线辅助生产组织六个大队级单位（特车大队、准备大队、研究所、物理站、机修厂和地质大队），六个辅助生产小队（新技术服务站、仪表厂、二氧化碳厂、器材站、井下一校、井下二校）按程序进行管理。

这一时期是艰苦创业时期，工作的指导思想是"先生产，后生活"，领导机关和职工队伍都居住在干打垒。下属28个作业队分驻在群英村、陈家大院、奋勇村、登峰村、向阳村等地。

井下作业指挥部领导班子名单和组织机构宣布后，整个庆典就没有别的讲话，更没有别的什么演出，而是直接进入"115、426"油井分层配产大会战誓师大会。

在誓师大会上，指挥部对整个会战作了详细的部署。

"115、426"大会战是为了全面实现油田"四定、三稳、迟见水"而进行的井下作业会战。在各单位的大力协作配合下，从1965年4月15日开始，经过近百天的艰苦奋战和反复试验，到7月21日上午10点全面告捷，胜利攻克了115口井，拿下了435个层段的配注任务。

经过反复检查验收，在所完成的115口井中，有93%被评为质量全优井；在全部573道工序中，有95.5%达到质量全优。

至此，在全油田所有注水井中实现了分层注水，这是油田感叹号般的创举，为实现"四定、三稳、迟见水"奠定了基础。

周总理视察丰收村

早在大庆石油会战前夕，周恩来总理就指示要用毛泽东思想指导会战，用辩证唯物主义的立场、观点、方法，分析解决可能遇到的各种问题，为大庆油田会战的勘探开发建设指明了方向。

1960年春天，大庆会战伊始，几万名职工在极其艰难的条件下，人人学习《实践论》《矛盾论》，用辩证唯物主义观点，分析和对待当时遇到的一系列矛盾和困难，创造性地解决生产建设和生活中的各种难题，取得了一个又一个的胜利。在此期间，周总理亲自到大庆油田现场视察，指导工作，对大庆的创新、发展十分赞赏。截至1964年，大庆原油产量达600多万吨。

在1964年12月，第三届全国人民代表大会一次会议的政府工作报告中，周总理肯定了大庆经验，指出："这个油田的建设，是学习运用毛泽东思想的典范。用他们自己的话说，是'两论起家'，就是通过大学《实践论》和《矛盾论》，用辩证唯物主义的观点，去分析、研究、解决建设工作中的一系列问题。"

20世纪60年代，周总理曾三次亲临大庆视察，对开发、建设大庆给予巨大鼓舞。特别是周总理1966年到丰收村视察，给井下职工家属留下永久的回忆和思念。

1966年5月3日，在井下作业指挥部所属的丰收村传来一个特大的好消息。据会战指挥部通知，周恩来总理和李富春副总理，陪同阿尔巴尼亚的部长会议主席谢胡来大庆油田，并到井下丰收村视察！

周总理来丰收村视察的这个消息很快就传遍井下作业指挥部，在短短的时间里，托儿所的阿姨们知道了，念书的小学生们也知道了。职工们，小学生们，阿姨们纷纷出门，到处找树枝，有的小朋友捡不到还爬上树折树枝，大家用树枝当旗杆做小旗，小旗上都写着同一句话："热烈欢迎敬爱的周总理"。

这一天晚上，井下作业指挥部的职工和家属们，高兴得像过年一样。吃过晚饭，大家站在外面，都高兴地谈论明天欢迎周总理的事，大家商量着今晚要把头发好好洗洗，胡子刮得干干净净，明天把最好的衣服穿上。

5月4日的清晨，当东方初露曙光，金色的阳光如细丝般穿透薄雾，温柔地洒落在松辽大地上，万物似乎都在这温暖的光辉中苏醒。平日里宁静而质朴的丰收村，今天却披上了节日的盛装，到处洋溢着喜庆与期待的气息。

村民们脸上洋溢着淳朴而又激动的笑容。为了迎接周总理的到来，他们早已将村前的路面打扫得一尘不染。公路两旁，彩旗飘扬，红的如火、黄的如金、蓝的如海，它们在微风中轻轻摇曳，仿佛在为即将到来的贵宾们翩翩起舞。树上和墙上，标语横幅挂满枝头，字里行间充满了对周总理和阿尔巴尼亚贵宾的热烈欢迎与崇高敬意。

突然，从北边传来了一阵阵振奋人心的消息："周总理快来了！"这一消息如同春风拂过田野，瞬间点燃了村民们心中的热情。他们纷纷涌向路边，目光齐刷刷地向北望去，期待着那个令人敬仰的身影。

终于，一辆交通车缓缓驶入视线，它行驶得异常缓慢，仿佛也在感受着这份喜悦。村民们的心弦紧绷着，他们的目光紧紧跟随，生怕错过任何一个瞬间。

当车辆缓缓停稳，车门轻轻打开，一个熟悉的身影出现在人们的视线中。啊，那就是他们敬爱的周总理！大家瞬间沸腾了，他们欢呼雀跃，掌声雷动，仿佛要将心中的喜悦与敬仰化作无尽的欢呼声。周总理微笑着向村民们挥手致意，他的笑容如同阳光般温暖，瞬间照亮了每个人的心田。

在接下来的时间里，周恩来总理与李富春副总理陪同阿尔巴尼亚贵宾一同参观了丰收村。他们深入田间地头，同正在播种的十几名家属一一握手，并问身边的一位家属："你这地一埯几株，株距多少，预计亩产多少？"一面问着，一面蹲下去扒开泥土，仔细察看播种的深度和株距，他的这一举动让家属们深受感动，纷纷表示要更加努力地工作，不辜负总理的期望。

在管理站食堂和作坊里，周总理观看了全村远景规划图和家属们自制的生产生活用具，对家属们的工作给予了高度评价。他还品尝了作坊里用机器加工的白面面条和玉米面煎饼，赞不绝口，称赞家属们的手艺精湛。

在指导员李春云家，周总理与家属们拉家常、共同唱歌，气氛温馨而融洽。他的亲切与和蔼让每个人都感受到了来自亲人般的温暖与关怀。

当周总理乘车离开时，丰收村的职工家属们的心中充满了不舍与眷恋。他们目送着车辆渐渐驶离，心中默默祝福着周总理身体健康、工作顺利。那一刻，丰收村的天空仿佛更加蔚蓝，阳光也更加灿烂，他们的心中充满了对美好未来的憧憬与期待。

"五过硬"作业队披红戴花

在大庆油田井下作业队伍中,有这样一支队伍,不但具备力争第一、勇往直前的高度革命精神,不畏艰险、披荆斩棘的英雄气概,而且一直坚持质量第一,怀揣着"为油田负责一辈子"的革命事业心,再艰巨的任务也敢于承担,再大的困难也敢于战胜。这就是荣获会战工委授予思想、作风、技术、设备、管理"五过硬井下作业队"的井下作业三队。

作业三队的"五过硬",首先是思想过硬。三级作业工曹金福,展现出了令人钦佩的敬业精神和革命乐观主义情怀。那是一个寒风凛冽、滴水成冰的日子,为了保证井上作业的正常进行,他坚持站在露天两米多高的井口操作台上,进行起油管作业。他全身棉衣都被井里喷出来的水浸透,冻成了冰铠甲,将他紧紧包裹。但他毫不在乎身上的寒冷与不适,依然奋战在作业一线。在刺骨的寒风中,他乐观好似革命英雄的姿态,高声说:"身穿冰结凌,风雪吹不进;干活出大汗,北风当电扇。"这不仅仅是对他当前境遇的生动描绘,更是他内心坚定信念与乐观态度的真实写照。学徒工郭连桥,展现出了高度的责任心和无私的奉献精神。为了确保井口压力表不会因寒冷而冻坏失灵，进而影响取资料这一重要工作，他毫不犹豫地采取了行动。他毅然决然地摘下自己的皮帽子，用它紧紧包住压力表，以此来为压力表提供保暖。他想："只要保住生产不出问题，天气再冷，心里也是暖的！"

井下作业指挥部"五过硬"的井下作业三队

作业三队的作风过硬，在于他们行动快、斗志坚、工作严。行动快，就是闻风而动，雷厉风行，说干就干，干就干好。1964年10月中旬的一天晚上，正在北区施工的三队突然接到上级的紧急通知，要求他们在第二天上午搬到东区两口新井施工。当天晚上，队长便向职工做了动员，连夜着手准备，第二天一早，仅用不到两个小时，就全部搬到新地点。三队执行上级指示就是这样，领导指到哪里，就打到哪里，不怕一切困难，越是困难干劲越足，越是困难越要胜利。

井下作业指挥部大张旗鼓地开展学习表彰典型活动

作业三队的技术过硬，首先在于他们练出了一手过硬的本领。在1964年8月，三队二班参加了战区技术表演赛。在会上同十个作业队的兄弟班进行了起下油管对抗赛。三队二班以平稳、准确、无声、连续、安全操作的过硬功夫，荣获了井下作业"尖子班"的光荣称号。参加表演赛的同志都连声佩服三队的基本功过硬。三队为什么基本功过硬？这可是苦练出来的。刚从钻井转入井下时，队里一共四个作业班班长，三个没操作过绞车。能不能把生产放下，等技术提高了再去干快？绝不能。他们就带着一个又一个的困难，以愚公移山志气，以白求恩革命精神，坚持勤学苦练，克服了一个又一个困难。

战区二十七次岗位责任制大检查，他们次次评为一类。不论客观条件多么困难，也不论施工任务多么紧张，348个井次作业都随叫随到，不误生产分秒。三队使用的一台三号作业机是改装过的旧设备，但在大家的共同呵护下，出车260次没有发生过一次误车，运转21100多个小时里，没有损坏过一个机械配件，没有发生过任何事故，始终保持"五好"。

三队的管理过硬，体现在集体领导好，班组工作突出，群众参加管理。人人都管事，事事有人管，因而生产、生活管理落实，基础工作扎实。党支部发挥了坚强的战斗堡垒作用。他们坚持民主集中制的领导原则，做到上下一条心，一股劲。工作中，你中有我，我中有你，做出成绩不骄傲，有了问题不推脱、不埋怨，勇于承担责任。

1965年5月1日，大庆会战工委在纪念五一国际劳动节的万人大会上，授予井下作业指挥部作业三队为"五过硬井下作业队"的光荣称号。但他们并没有满足，而是更加谦虚谨慎，他们以"两分法"为利器，以更高标准要求自己，总结成绩、经验，大找问题，狠狠整改，决心不断向"五过硬"的更高水平迈进。

打好"六个歼灭战"

1970年,井下作业指挥部根据大庆提出的"贯彻一个战略思想,挑好两副重担,处理好三个关系,打好六个歼灭战"的工农业生产建设方针,为满足油田开发需求,迅速扭转油田压力下降,含水上升,地下亏空,采油速度低等问题。井下广大职工集中力量,进行了六个歼灭战,主要包括:井下作业技术歼灭战;军工生产歼灭战;以油井防喷战备凡尔、"六分"技术、过渡带采油找水为重点的科学试验歼灭战;自制设备,办好"吃、穿、用、打"小厂的歼灭战;清仓挖潜,修旧利废歼灭战;实现"蔬菜自给增产粮食,发展养猪事业"歼灭战。这一年,油水井试验、压裂、补射孔、配产、测试找水、水井酸化等项目,均超额完成了施工计划。

压裂技术就是用压裂的手段,提高近井地带的渗透率,增加油水井的产量和注水量。1966年9月,在中1-127井成功地进行了第一口油井压裂工艺试验。1970年,在杏一区又进一步扩大了现场试验,一共进行油水井压裂18口、29层,成功14口、22层。摸索出了压裂生产组织、施工工具及工艺配套等方面的一些经验。1971年,围绕"攻坚啃硬，再夺高产"的油田开发方针，根据油田提出的要向中低渗透层进军，改造中低渗透层的要求，井下作业指挥部决定进行更大规模的工业性压裂施工现场试验。

井下作业指挥部压裂施工现场

指挥部组织了九个作业队，继续在杏树岗地区施工。当年实现油井压裂76口、313层，水井压裂1口、4层。这次大规模试验在以下方面有新突破：一是压裂施工现场组织进一步合理；二是一次压多层管柱进一步完善适用；三是破裂压力较高，有时超过规定加砂量才能获得压裂效果。这次大规模工艺试验也暴露了一些问题：对压裂技术不熟练，对压裂规律认识不足，设备压力不够，理论方法不够完备使压裂效果不十分明显……这也间接说明了压裂设备和工艺还需要进一步准备和完善，还不能投入工业性生产。因此，1972年，仍以"146"地区分层配产施工为主，科研项目"851型油井封隔器"试验研究基本定型，有力地促进了采油工艺的攻关。这一时期，井下作业指挥部共完成油水井压裂107井次、376层，油水井酸化1118井次，配产1039井次，试油852层。

1978年，井下作业指挥部打擂比武大会现场

指挥部根据"以工业生产为主，民用建设为辅，生产、生活并举，前线、后线兼顾"的矿区建设方针，创建了丰收和五星两个生产、生活基地，扩大了登峰基地。职工家属利用当地的自然条件，开垦荒地种粮、种菜、养猪、养羊等，解决了来矿家属的劳动就业，补助了职工家属吃粮、菜、肉的不足。职工家属还自己动手制坯、烧砖，就地取材，因陋就简，建起"干打垒"、砖柱土坯及砖木结构的简易平房，解决了住房困难，同时建设了托儿所、小学校、卫生所等文教卫生设施和商店、粮店、理发店、浴池、职工食堂等生活服务设施。这一时期，产粮392.32万公斤，产菜559.36万公斤；建筑房屋10万平方米，其中工业性建筑1.3万平方米，民用建筑8.7万平方米。

指挥部所属大队级单位增加到18个，职工人数发展到4907人，设备增加到628台，其中活动设备326台（包括通井机、作业机52台，压裂车4台，配酸车3台）；固定设备356台。登峰、丰收、五星三个工农结合的新型矿区已初具规模。

"三突破、四配套"压裂工艺新途径

1973—1978年,是井下作业指挥部生产建设发展时期。这个时期的工作特点是紧紧围绕着油水井压裂这个主要施工项目,进行了完善压裂工艺、改进设备装备,向压裂工艺的成功配套、机械化和自动化发展。在这一思想原则的支配下,年年完成和超额完成生产计划,压裂工艺不断提高,生产指标不断突破,纪录不断刷新。

压裂党委成员率领三分之二机关干部深入基层,进行长期蹲点调研。针对薄弱环节,他们组织临时小前线,携带人力设备现场解决问题。为解决前线作业队等水等油难题,在车辆和司机短缺的情况下,前线指挥所调动有驾照的干部参与送油送水,实行歇人不歇车制度,提高车辆利用率。前线指挥所的全体干部,与工人们一同干在井场,吃在井场,睡在电话机旁,昼夜管生产。负责地质工作的同志,背上挎包,深入井场,搞调查研究,对每口井、每个层位都详细地掌握第一手资料,他们共调查了500多口井,800多个层位,获得5万多个数据。各级领导在加强组织指挥的同时,学习压裂技术,从实践中总结经验,确保施工顺利进行。全年完成油水井压裂609口,超额完成当年任务，达到1965—1972年总和的5.5倍。

1973年以后，油田老区要保持高产稳产，改造挖潜的主要措施已由配产转到油水井压裂、酸化、化堵上来，井下作业也随之成为油田改造挖潜的野战军。压裂生产首先实现"两条龙"（即运砂、洗砂、烘砂、选砂、拉砂、加砂六道工序全面实现机械化，形成一条龙作业；压裂液的配制，运送到井口施工实现全面机械化，形成一条龙作业）、"三配套"（压裂管柱、压裂设备、压裂现场指挥系统配套）的压裂工艺。为了使压裂在全油田进入高含水期后，"高产五千万稳产十年"发挥更大作用，井下作业又相继提出了"三突破""四不见""四条龙""四配套"的压裂工艺新途径。"三突破"是突破细分层改造关、突破大砂量关、突破仪表计量关；"四不见"是压裂不见人工加砂、压裂现场不见固定罐、起下油管不见人工扳管钳、排拉油管不见徒手拖拽；"四条龙"是油水井压裂一条龙、水井酸化一条龙、化学堵水一条龙、压井一条龙；"四配套"是施工管柱配套、施工装备配套、现场指挥系统配套、后厂建设配套。压裂装备上，改装8台机械自动加砂车、25台17立方米日野活动罐车及11台拉砂车，推广使用液压油管钳；后厂建设上，进一步改造了配酸站、选砂厂，实现了压裂砂生产机械化，建成了具有国内先进水平的配液站，日产能力可达

500立方米，大面积推广使用新型水基压裂液，取代了原油压裂液，节约了大量的能源。

在这一时期，井下作业指挥部持续完善和发展了压裂施工工艺。施工中形成了一套以增油为目的的井下作业技术质量管理制度，提高了压裂施工的效果。累计油水井压裂4737口、8481层，化学堵水184口、230层，配产544口，酸化1635口，试验404口，作业总井次6158井次，累计增产原油654.8万吨，为发展大庆，建设大庆，年高产上5000万吨、稳产创十年作出了贡献。

"华罗庚热"攀登新的科学高峰

20世纪六七十年代,曾有过一阵"华罗庚热"。

华罗庚所到之处,总能吸引很多群众赶来听课,他们来自高校、科研院所、工农一线、厂矿车间等各个领域。

曾跟随华罗庚担任助手工作的中国优选法统筹法与经济数学研究会理事长池宏回忆道:一个数学家,用"烧水泡茶喝"的大白话,向工人们解释什么是统筹法的奥秘,工人不仅能听懂,还能立即动手解决问题。

在华罗庚的带领下,研究应用推广"双法"的科技工作者队伍不断壮大。20世纪60年代开始时,参与者只有他和几个学生;1972年,形成"双法"小分队;1977年,中国科学院成立了"应用数学研究推广办公室";1981年,"中国优选法统筹法与经济数学研究会"正式成立,各地分会也设立起来,"双法"推广工作有了进一步条件保障,成为服务国民经济的重要力量。

1972年,中国著名数学家华罗庚到井下作业指挥部推广统筹法和优选法,并指导建立了单井压裂工艺流程。

大庆开发初期,油田会战工委批准成立了试油大队、试注大队、三选大队、采油工艺研究所、地球物理站、特种车大队、机修厂等生产科研单位。根据油田开发需要，于1961年将以上各单位合并，成立井下作业处。

1972年10月15日，华罗庚到井下作业指挥部讲学，推广统筹法和优选法并指导建立了单井压裂工艺流程

井下作业处成立后，由采油指挥部（现采油一厂）附近搬迁到登峰村。登峰村原名豆秸会社，位于萨尔图区西部，当时采油工艺研究所提出"要排除万难，攀登新的科学高峰"的口号，会战工委领导说："你们要攀登科学高峰，你们把井下这地方就叫登峰村吧！"从此，井下所在地登峰村就载入了油田发展史册。

1972年，华罗庚到井下作业指挥部讲学后，极大激发井下职工创新创造热情，他们紧密结合井下生产经营实际，运用运筹法和优选法基本原理，持续开展单井压裂工艺创新和企业管理流程再造。1983年，华罗庚再次到井下听取了运用统筹法编制管理流程图的汇报，参观了井下采油工艺展览，为井下指挥部群众性创新创造注入源源不断的动力。

1973—1978年，油层水力压裂开始投入工业化生产，成为大庆油田油、水井行之有效的增产、增注措施，并且有效地改善了层间开采不均衡的状况，这对大庆油田年上5000万吨高产和稳产起到了重要作用。油田进入中含水开采阶段后，井下作业指挥部按照大庆油田"攻坚啃硬，再夺高产"的开发作业方针，针对大庆油田地下含水上升，老区产量递减，产能建设不配套的实际情况，狠抓了油井压裂工艺的研究攻关。先后研究成功了不压井不动管柱一次压多层的分层压裂管柱和新型水基压裂液。"不压井不动管柱一次压多层技术"荣获1978年国家科技大会奖。

1983年8月27日，华罗庚到井下作业公司听取了运用统筹法编制管理流程图的汇报

水力分层压裂在工业试验的基础上，从1973年开始在大庆油田大面积压裂施工，并在两年多的生产实践中形成了压裂设备及流程的技术改造和配套，形成了压裂砂筛选、运砂、加砂机械化一条龙；压裂液配制、输送、施工一条龙；压裂管柱、压裂设备、压裂现场指挥系统三配套，从而使油田进入了挖潜改造，提高采收率阶段。

大庆油田井下作业分公司成立60年来，伴随着油田从无水期、低含水期、中含水期自喷方式开采，到高含水及特高含水期的机械方式开采，井下科研工作者针对油田不同开发阶段的特点，研究形成了适应不同地质条件的9套修井工艺技术、20多套压裂工艺技术、水平井和煤层气、气井、特种作业技术，以及一系列的酸化、堵水及调剖等工艺技术，并取得了一大批自主创新的科技成果，井下广大科技人员解放思想、勇于创新、大胆实践，在各自的岗位上都为分公司的改革与发展作出了突出贡献，每位井下人所付出的辛勤汗水和创造的光辉业绩，不仅使井下人始终攀登新的科学高峰，也将永远记入井下发展的史册。

一年三百六十五天办公，一天二十四小时管生产

会战开始后，井下作业指挥部在生产实践中，摸索出一套行之有效的生产管理方法。这些方法经过多年坚持，不断修改完善，逐渐走向规范化制度化。主要有"一年三百六十五天办公，一天二十四小时管生产""夜间检查制度""生产例会制度"等八项制度，并在大庆油田生产办公室的统一指导下对前六项进行了充实完善。1966年后，在生产管理中全面贯彻执行，并在全油田推行。井下指挥部以"一年三百六十五天办公，一天二十四小时管生产"制度为核心，结合贯彻其他制度，实现高效管理。

"一年三百六十五天办公，一天二十四小时管生产"制度针对井下作业连续性生产施工的特征，要求员工必须做到生产不停、指挥不断，工人三班倒、班班有领导。在作业施工阶段，从指挥部到基层小队，各级领导干部都要轮流值住办公地点管生产，严格执行值班制度，并坚持指挥部、各大队、小队值班人员夜间检查制度。

夜间检查制度是指每天晚上12点后深入作业小队施工现场、生产要害部门进行检查。主要检查各单位岗位责任

铿锵足音

井下作业指挥部"质量月"总结表彰大会

制的执行情况，生产进度情况，目的是及时发现问题、及时解决。检查人员在次日早生产碰头会上报告检查情况，并在会上讲评。对执行岗位责任制好的给予表扬，差的给予批评。每逢过节、大风天、大雨天、寒流袭击或生产任务紧张时加强夜间检查。

"一年三百六十五天办公，一天二十四小时管生产"主要依靠生产例会制度做保障，这项制度主要包括三个会议：

生产碰头会。每日早7点30分至8点召开，由生产经营办主任主持，主管生产领导、生产经营办有关人员及与生产有关的各科室长参加。调度值班汇报生产完成情况，包括作业施工进度、原材料生产、机加产品、协作计划、运行、设备、安全、质量、好人好事、存在问题；传达上级指示及前一天调度会重点工作完成情况；各路汇报本系统存在的问题及需生产办解决的问题。最后领导布置当日的重点工作，各基层单位生产碰头会与指挥部相同。生产碰头会可及时掌握全公司生产经营动态，起到了生产管理、经营信息汇总的作用。

井下作业指挥部作业施工现场

生产调度会。每天一次（不分节假日），下午4点至5点召开，由指挥部调度长主持。各基层单位调度长或主管生产领导汇报本单位当日生产进度情况、生产中存在的问题，以及要求指挥部或其他单位配合解决的问题。掌握生产动态，检查总结当天生产任务完成情况；研究解决生产中的问题，重要的要作出决定、下达执行；布置次日重点工作，搞好生产运行的综合平衡和调度；传达上级指示和市（局）的布置工作。各分公司的生产调度会同指挥部相同。生产调度会起到生产指挥及时、准确、灵活，使整个生产活动有机地协调运转。

生产例会。每周一次，周一14点至16点30分，由生产经营办主任主持，由主管生产副指挥和各大队分管领导，以及有关科室长参加。主要是各基层大队分析总结一周来生产指标完成情况，生产组织过程遇到的具体问题；指挥部要进行一周的生产综合分析，对生产指标完成好的给予表扬、存在问题提出批评；讨论生产中出现的技术质量问题及生产组织问题，提出解决的办法；收集编排各大队生产运行计划，搞好协调平衡；明确下周要抓的重点工作，提出下周生产要求和生产指标。各基层单位生产分析例会同指挥部相同，只是待指挥部生产例会结束后召开，一般是18点30分至20点30分。生产例会起到总结交流经验、找出规律、以利再战的作用，使生产经营活动有计划、有节奏地均衡进行。

高产五千万　科技做贡献

科技，是油田创新发展的第一驱动力。井下作业分公司成立60年以来，根据不同时期的油田地质特点，不断探索求新，致力于科研攻关，勇于突破禁区，大力发展作业、修井、压裂技术，多次攻克国际性技术难题，为大庆油田勘探开发、改造挖潜、持续稳产提供了不竭动力。

1960年会战初期，油田处于无水采油期，针对油田边水不活跃，地饱和压差小的特点，在采油工艺研究上，首先解决向油层注水的问题。当时，井下作业系统集中了250多名干部、技术人员和工人，在西九排和北一区三排展开了现场试注攻关会战，采用热洗热注、冷洗冷注、气化水洗井等多种工艺措施进行试验，从实践中总结制定出一套以洗井为根本，严防油层堵塞的八字（高、大、狠、准，清、全、平、稳）试注规范和水质达到"三点一致"（进口、出口、井下水样都一致合格）的施工要求，终于解决了"三高一多"（黏度高、含蜡量高、凝固点高、多油层）油田的早期试注工艺。

油田实现早期注水以后，由于层间渗透率差异很大，注入水沿着高渗透层很快窜到了油井，见水井不断增多，含水率上升快。1961年，油田进入低含水开采期。这时期，采油工艺上迫切需要解决的问题，是如何控制高渗透层的水窜，防止油井过早见水。当时，成立了"三选"指挥部，开展了选压、选注、选堵工艺试验。1962年进一步提出了分层注水、分层堵水、分层采油、注热蒸汽、压裂等十大工艺技术。

井下采油工艺研究所班子成员

为了加强采油工艺研究，成立了采油工艺研究所，仅用八个月时间，经过1018次试验，研制成功了水力压差式封隔器，攻下了一整套固定式分层配水工艺。这套工艺具有可多级、可洗井、可与不压井工艺配套等优点。同时，还成功研究了水井增注、验串、封串、不压井不放喷作业等工艺技术。

1964年，在油田上开展了"四定、三稳、迟见水"的群众运动，组织了"101、444"和"115、426"两次分层配水大会战，广大作业工人冒着零下三四十度的严寒施工，经过这两次会战，在146平方公里开发区内全面实现了分层注水。这样，就保证了各类油层合理注水，解决了含水上升快的问题。但是，油井仍然是笼统采油，出现了主力油层注采不平衡，压力下降的新矛盾，使油田的长期稳产高产受到了新的威胁。于是，在1965年组织攻关，研究成功了分层配产工艺及分层测试技术，初步形成了一套以分层注水为中心的"六分四清"采油新工艺。

1970年以后，油田进入中含水开采期。油田采油速度由0.65%提高到2.04%，综合含水率由6.95%上升到23.05%，注水量提高了1.5倍。油田地下三大矛盾进一步加剧，在低含水期开发效果较好的采油工艺技术不适应了。注水合格率低，只有30%至45%，有35%的井含水超过界限；水井酸化效果差，有效期短，全油田有25%的层段欠水，测试困难，资料不准，在791口下了625型配产管柱的井，有60%不能测试，一拔堵塞器就出现"清水压井"现象，其余40%能测试的井中，由于层间干扰很大，测试资料也不准。

铿锵足音

刘文章（前排中）等科研人员经过上千次试验，研制成功"糖葫芦"封隔器

在中含水开采阶段，为了发挥中、低渗透层的作用，狠抓了油井压裂工艺的研究攻关。先后成功研制了不压井不动管柱一次压多层的分层压裂管柱和新型水基压裂液。在1971年工业试验的基础上，从1973年起，全油田大面积开展压裂施工，每年油井压裂约400井次。为提高效率，指挥部在1975年大搞了压裂设备及流程的技术改造和配套，自力更生建起了选砂厂、洗砂工程、贮砂罐和滤水工程，实现了选砂、运砂、加砂机械化"一条龙"和压裂液配制、运送、施工"一条龙"，提高了压裂施工速度和质

量。1977年与1973年相比，平均单层加砂量由3.5立方米增加到5.1立方米，单井日增产原油由12吨提高到13.2吨。

随着油田综合含水率不断上升，在老区主力油层已进入高含水开采阶段的情况下，井下作业指挥部干部群众始终发扬"要排除万难，攀登新的科学高峰"科学求实精神，持续攻克各种工艺难关，为大庆油田实现高产5000万吨提供了技术支撑。

"工业学大庆"看井下风采

1977年4月,"工业学大庆"会议在大庆召开,井下作业指挥部负责接待山西省与河北省代表。余秋里、谷牧、纪登奎等国家领导人,由宋振明陪同到中5-10井参观压裂施工现场。

1977年4月,全国"工业学大庆"会议在大庆召开,余秋里(右二)、谷牧(右三)、纪登奎(左二)等国家领导人由宋振明(左一)、刘继文(左三)陪同到中5-10井压裂施工现场

我国工人阶级和广大群众盼望已久的全国工业学大庆会议胜利开幕。这次学大庆的空前盛会,是检阅工业学大庆成果的群英大会,是普及大庆式企业、把国民经济搞上去、加快实现四个现代化的动员大会。

在大会召开前夕，井下作业指挥部干部职工通过学习《毛泽东选集》，回顾大庆从艰苦创业到茁壮成长的光辉历程，心情分外激动，思想越发明确，斗志更加昂扬。

他们和全体大庆职工家属一起喊出了气壮山河、响彻云霄的战斗口号："大干社会主义有理，大干社会主义有功，大干社会主义光荣，大干了还要大干！"这口号喊出了全国人民对社会主义的无限热爱。

为了全面展示井下作业指挥部在油田挖潜改造，高产稳产时期的工作成绩，他们对职工家属的工作态度作风和工作成绩进行总结。1973—1977年，针对大庆油田面临的地下含水率上升、老区产量递减及产能建设不配套等问题，遵循"攻坚、啃硬、再转产"的油田开发作业方针，井下作业的重点从配产转向压裂施工。特别是在1975年底，大庆油田党委明确提出了"年产上5000万吨，稳产10年"的宏伟目标后，油水井压裂施工项目在油田调整、挖潜、改造及增产方面扮演了至关重要的角色。这一转变不仅是对当时油田开发实际情况的精准应对，也是实现长期稳产目标的关键举措。

为了实现大庆油田党委提出的这一奋斗目标，确保油田高产稳产，井下作业指挥部紧紧围绕油水井压裂这个主要施工项目，一步步完成了从完善压裂工艺、改进设备装备到压裂工艺的成龙配套、机械化和自动化的快速发展，实现了压裂砂筛选、运砂、加砂机械化一条龙；压裂液配制、输送、施工一条龙；压裂管柱、压裂设备、压裂现场指挥系统三配套，使油田进入了挖潜改造，提高采收率的新阶段。

会议期间，中央政治局委员李德生、陈永贵、吴桂贤到井下作业指挥部作业五队施工的中5-10井视察，对井下作业生产管理给予充分的肯定。

工业学大庆会议召开后，大庆井下的干部职工积极响应号召，以大庆精神为指引和榜样，深入思考，紧密联系自身思想和工作实际，勇于揭露存在的问题和矛盾，积极寻找与先进之间的差距。与大庆油田的其他兄弟单位一道，坚定地进行革命性变革，着力解决领导层在思想上的困惑及上层建筑与经济基础之间的矛盾。这些努力不断推动着井下作业的技术改造、挖潜增效和措施增油等工作不断向更高的目标迈进。

1978年是油田年产上5000万吨的稳产时期，也是井下作业以压裂为主要作业施工阶段。在这一时期，随着老井含水率上升，老油田主力油层大面积水淹，油田产量递减加快；高压注水后，油水井套管损坏程度明显加快，套损井逐年增多。油田的两个变化，决定了井下作业施工内容的改变：一是压裂对象由主力油层转移到非主力薄油层；二是作业施工以压裂为主，逐渐过渡为压裂加修井为主；三是增产挖潜措施，由单一向综合性措施发展。为此，井下作业继续以油水井压裂为主，进一步完善压裂工艺技术。

1977年5月13日，全国"工业学大庆"会议在北京胜利闭幕

1977年，开始化学堵水现场施工试验；1978年，推广化堵作业项目；1981年，增加了油水井大修理项目；1985年，形成以油水井压裂、大修为主要内容的综合改造挖潜作业施工……随着井下人不断地攻坚和井下作业技术发展，可大面积应用的施工类目包含油水井压裂、化学堵水、油水井酸化、油水井大修、邻井封堵、射孔、打捞、配产、试油等20多项。1973—1985年，井下作业累计完成油水井

压裂9079口，化学堵水532口，邻井封堵231口，油水井酸化5386井次，试油491层；作业总井次27080井次；措施增油量逐年增加，为油田高产稳产作出了贡献。1986年井下作业公司被石油工业部授予"攻坚啃硬的尖兵，改造油层的闯将"的光荣称号。

第三章

夯基筑垒，革故鼎新
越改革浪潮奋楫争先，井下铁军再启新程

艰难创业，几代拼搏，东方欲晓，指看何处？

油层改造，管理创新，论与时俱进，解放思想再亮剑。

自党的十一届三中全会以来，井下干部职工进一步解放思想，大胆实践。

一系列举措接连落地，专业管理、合同约束、权力下放、竞争上岗、按劳分配……事实证明实践出真知，井下的经济方法管理经济登上《人民日报》头条，"第一个吃螃蟹"精神成为国企管理典范，跨越式发展尽显英雄本色，中央电视台《讲述》广传井下铁军美名。

全面发展的新时期已来，能否打破常规？井下瞄准提高经济效益这个中心，坚持整顿改革，夯实基础工作，突出"科技增油、管理增效、市场增收、党建增力"的发展主题，以与时俱进的智慧、舍我其谁的勇气、敢于亮剑的魄力，挑战自我、奋楫争先，创造"全国用户满意单位""全国安全管理十强"单位等一个又一个崭新业绩。

改革浪潮，来势汹汹。求变的井下铁军，以无可替代的作用，承载历史使命，以年措施增油150万吨以上的贡献值，担负起打造长青企业的鸿篇巨制。

改革　构建高效运转新体制

党的十一届三中全会以后，大庆石油管理局井下作业指挥部❶根据"调整、改革、整顿、提高"的方针，转向以加强经营管理提高经济效益为中心的轨道上来，开始整顿改革企业管理的各项基础工作。

1979 年，指挥部从整顿企业基础工作开始，围绕扩大企业自主权，改革管理权限过于集中的管理体制。首先从"三定"入手，即按照生产施工的工艺技术和装备调整确定生产岗位，按岗位进行全面定员，按定员确定劳动定额。在"三定"的基础上，实行"五制"管理，即建立完善岗位经济责任制、横向上实行经济合同制、纵向上实行层层任务包干制、全部实行经济核算制、全面推行《定额考核、分级管理、合同制约、增产节约奖励》的管理办法，自上而下实行逐级考核奖惩制，落实到 21 个大队，122 个小队。

井下作业公司以"第一次吃螃蟹"的勇气，从四个方面改革行政命令的旧体制：一是将原来的公司七个系统对下安排计划，改为公司计划科一个口综合平衡确定统一计

---

❶ 1980 年 12 月，大庆油田管理局井下作业指挥部更名为大庆石油管理局井下作业公司。2000 年 2 月，更名为大庆油田有限责任公司井下作业分公司。

划向基层下达；二是把原来公司调度一个漏斗集中组织管理生产，改为公司、大队两级管理；三是取消协作计划公司调度中间环节，实行协作计划横向合同制，扩大基层自主权；四是改综合奖为定额考核、增产节约、计分算奖的考核分配。从而开始了"三定一奖"、用经济手段管理企业的尝试。井下作业102队试行定岗、定员后，人员由54人减少到38人，全年压裂油井71口，完成年计划的148%，为国家增产原油7800吨。截至1981年，经过三年的调整改革，企业管理工作转向以经营管理、提高经济效益为中心的轨道上来，公司的改革具备了雏形。

井下作业指挥部召开"向四化进军"现场会

1982年,将"包"字引入公司,层层实行任务包干。把公司对管理局承包的井下作业工作量、挖潜增油量、成本节约三项指标及完成包干任务的各项工作捆在一起,分解下达承包到各大队,并由大队分解下达到小队、班组和个人;公司全面建立完善了经济责任制。与此同时,根据中央三个《条例》,围绕党政分工,进行了建设性改革:一是明确了党政职责;二是分别建立了各自的工作系统和工作制度;三是减少了交叉和陪会;四是相互尊重,互相支持,分工不分家。

1984年,公司贯彻《中共中央关于经济体制改革的决定》,在市(局)党委的领导下,实行了"一包、二放、三改"为主要内容的经济体制改革。"一包"即全面推行以百元收入工资奖金含量包干为主的多种形式的承包经济责任制,进一步将各单位的工资奖金同经济效益紧密挂钩。1986年,作业一大队101队班长和班里另一名工人披红戴花,接受了井下闭路电视台的采访。作业一大队101队班长难掩一脸的激动:"这个月我拿到手的奖金足足有480块,都能赶上正常8、9个月的工资了!"能一下子拿到一笔巨款,得益于公司经济体制改革,除了每月的固定工资外,开始有了奖金,奖金跟工时挂钩,活儿干得多,工时划得多,奖金就挣得多,工人不再拿"死"工资,多劳多得让大家的辛苦得到了更为合理的有偿回报，大家伙儿干起活儿来更有劲头儿了。"二放"即对外开放，对内放权，扩大基层管理权限，权力下放，给分公司十项权限允许计划外放开经营。"三改"即改革领导体制，实行经理负责制；改革劳动制度，实行双向选择，优化组合；改革分配制度，在前线作业队推行单井工资奖金含量包干。后来，又逐步改革干部制度，推行干部选任制，任期制和任期终结审计制；改革计划管理体制，实行指令性与指导性计划相结合，增强市场观念，竞争观念，优质服务观念；改革财务管理体制，划小核算单位，划清经济渠道；改革物质管理体制，加强合同制约。到1986年，通过三年配套改革，整个公司基本形成决策快、效率高、指挥灵的生产经营指挥系统。

　　1987年后，按照社会主义有计划商品经济的要求和整体优化的原则，对公司组织机构进行了改革，全面推行了各种形式的承包经营责任制。首先对机修厂、运输分公司进行了资产经营责任制和租赁经营责任制试点，继而又把承包引向主体单位，先后对8个主体单位实行了"三包一挂"承包经营责任制。在承包过程中，引入竞争机制、公开招标、民主选举、择优聘任相结合优选经营者。并且从组织、制度、作风上改造公司机关，努力适应有计划商品经济的需要，建立高效率运转新体制。

用经济方法管理经济就是好

——大庆油田井下作业指挥部解放思想大胆实践收到显著成效

《人民日报》记者王德华、高新庆报道：大庆油田井下作业指挥部，在新的历史条件下，依靠"两论"起家的基本功，勇于思考，勇于探索，勇于创新，按照经济规律，采用经济的方法管理经济，进一步调动了广大职工的社会主义积极性，大大提高了劳动生产率，取得了显著的经济效益。

1978年6月以后，大庆油田集中主要精力大搞现代化建设。如何适应这个伟大的转变？井下作业指挥部党委认真分析了领导思想上不适应的一些表现，主要是墨守成规，习惯于用小农经济的方式管理企业，缺乏搞社会主义现代化大工业的宏伟气魄。在生产管理上，基本上是自上而下的命令式，对生产的指挥权统得过多过死，基层单位没有经济权力，也没有经济责任，吃"大锅饭"的思想比较严重，人力、财力、物力在某些方面有相当的浪费。为了加快现代化的步伐，改革那些不适应新形势发展要求的、不科学的管理方式、管理办法，经过研究讨论，决定井下指挥部党委要用鲁迅先生说的"第一次吃螃蟹"的勇敢实践精神，来进行经济管理的改革。

井下作业指挥部的改革是积极的，同时又是扎实和稳妥的。他们首先做了摸清"家底"的准备工作：第一，摸清劳力底，制定工时定额和劳动考核标准。第二，摸清设备底，给每个单位每台设备制定设备利用率标准，对设备使用实行定人、定机、定岗位。第三，摸清原材料和技术力量的底，制定了生产项目的费用、材料消耗、修保等122项定额。在此基础上，确定了290多项产品和设备使用的内部结算价格，采用内部流动券的形式，进行成本核算。全指挥部形成了层层有核算，项项有定额的经济核算网。还制定了《井下指挥部企业管理条例》(试行稿)。在做了上述准备工作和试点之后，逐步进行了如下改革：

按专业化的原则，改革和调整工业生产体制。 井下作业按照压裂、酸化、堵水、试油、试验等项目，建立三个专业化施工大队。其他为前线生产服务的单位，以服务公司的形式进行改组。权力到队到人，责任也到队到人。

实行统一计划，搞好综合平衡。 过去计划由各职能机构多头下达，没有统一的计划，经常为争人力、物力、财力发生矛盾。从1978年开始，坚持统一计划，实行综合平衡，把年度计划和月计划衔接起来。每个月根据工业生产、科研、机修、运输、基建等十个方面的工作任务，搞好劳力、设备、物资、资金四个方面的综合平衡，然后按八项经济技术指标，统一下达计划，使计划工作增强了科学性。在执行中，计划完成好、正点运行的，在人力物力等方面优先保证，完不成计划的，追究经济责任。

1979年2月5日，《人民日报》头版头条刊登井下作业指挥部的专题报道"用经济方法管理经济就是好"，并配发了"要有'第一次吃螃蟹'的勇气"评论文章

推行合同制。通过合同制，把井下作业施工中各专业生产单位的协作关系，用经济纽带联系起来，运用经济手段促进生产的发展。共确定四种合同形式：第一，协作合同，主要解决生产单位和生产辅助单位之间的关系；第二，物资供应合同，主要解决生产、科研、辅助单位与物资供应单位的协作关系；第三，加工合同，主要解决生产、科研、辅助单位与机修、机加工单位之间的协作关系；第四，劳务合同，主要解决基本建设等单位的劳务安排。按照综合平衡的计划和生产运行的需要，协作双方确定协作的时间、范围、工作量和质量标准，并商定明确的奖惩办法。认真执行合同的要得到经济利益，违反合同的要承担经济责任。实行合同的第一天，器材站因责任事故，液体胶链剂拖延了8个小时才配制好，根据合同规定，经指挥部调度找有关方面会商，最后裁决，器材站应给压裂大队、作业七队、车队、特车队合计赔偿12000元。

　　两级管理，权力下放。过去基层上是指挥部一级管理，生产管理权、指挥权集中在指挥部。大队、小队没有权力，也没有经济责任。现在改为指挥部、大队两级管理，大队又把任务落实到生产小队，各大队、小队根据统一计划和协作合同，独立自主地指挥日常生产。指挥部调度的主要责任是根据各作业队提出的运行计划，排出全指挥部的生产，综合正点运行图，通过监督各协作单位合同执行情况，及时加以裁决，保证全指挥部按照运行图实现均衡生产。生产大队、小队对生产负有直接的经济责任，对违反合同规定的任何上级命令有权拒绝执行。任何领导违反计划和合同命令，如造成经济损失，要负赔偿责任。这就有效地防止了瞎指挥，充分调动了基层生产单位和每个职工的生产自觉性、主动性。指挥部领导摆脱日常生产指挥任务后，可以集中精力抓主要矛盾，抓方向性、关键性的问题。

实行奖励制度。奖励以生产为中心，以全面完成和超额完成各项生产建设计划为条件。指导思想是按劳分配，超产有奖，多超多奖，少超少奖，重在超字。同时增加灵活性。评奖办法有两种，一种是单位集体定额超产奖，另一种是单车、单人定额超产奖和节约奖。科研革新实行项目奖，根据项目推广使用后的经济价值来决定。

井下作业指挥部由于按经济规律对企业管理进行了部分改革，1978年7月以来，在从生产岗位上抽出850人去学技术、搞革新的情况下，仍然提前67天全面超额完成油井压裂、化学堵水等11项生产任务，每一项都创造了历史最高水平，提前两个月超额完成石油工业部下达的1978年增产指标。科研方面取得12项成果，其中选择性酸化、高强度玻璃油管、综合措施等项目达到了世界先进水平。全面推行上述改革后，效果更加明显。从前一年12月25日起的15天内，8个作业队在-30℃的条件下进行野外施工，人员比原来精减了三分之一，有两个队压裂5口井，五个队压裂4口井，半个月完成或超额完成了冬季一个月压裂4口井的定额任务。水泥车、锅炉车工作效率比上年同期分别提高71%和77%。材料消耗、成本节约等也创造了新的纪录。工人们高兴地说："用经济的方法管理经济就是灵！"

（原载《人民日报》1979年2月5日）

要有"第一次吃螃蟹"的勇气

鲁迅先生谈到社会改革问题时，说过一段发人深省的话："许多历史的教训，都是用极大的牺牲换来的。譬如吃东西罢，某种是毒物不能吃，我们好像全惯了，很平常了。不过，这一定是以前有多少人吃死了，才知道的。所以我想，第一次吃螃蟹的人是很可佩服的，不是勇士谁敢去吃它呢？螃蟹有人吃，蜘蛛一定也有人吃过，不过不好吃，所以后人不吃了。像这种人我们当极端感谢的。"

重温鲁迅先生四十六年前的这段话，感到很有现实意义。当前，实现四个现代化是我们的总任务，很多新问题摆在我们面前，我们应该发扬第一次吃螃蟹的人的勇敢精神，勇于思考，勇于探索，勇于创新，及时地研究各方面的新情况，解决各方面的新问题，尤其要注意研究和解决管理体制、管理方法、管理制度等方面的问题。要大胆改革那种单纯行政的、小生产式的、甚至封建衙门式的官僚主义的管理方法。要大大精简一些政治、行政机构。要大大减少行政层次。泛泛的政治空谈，无穷的会议，没完没了的"参观""检查"，层层审批，公文旅行等现象再也不能继续下去了，列宁说的"我们要少搞一点政治，多搞一点经济"的时代已经到来了。一定要按经济规律办事，要用经济的方法管理经济。工业战线上，像大庆这样一些先进，在新的历史条件下，也要解放思想，善于学习，防止僵化，大胆革新。要努力研究新问题，使思想适应已经变化的新情况。要继续坚持两分法前进，向一切先进单位、先进地区学习，向有经验的专家学习，向一切懂行的人学习，还要向外国的先进管理方法学习。既要总结和发扬过去好的经验，又要在实践中不断修正那些过了时的、不大科学的东西，以适应四个现代化的需要。

实现四个现代化是一场深刻的伟大革命，没有一大批不迷信、不守旧、不僵化、勇于创新的闯将，是不行的。不少同志前怕狼，后怕虎，犹犹豫豫，左顾右盼。他们突出一个"等"字，等中央拿出统一的改革方案，等其他地区拿出"样板"。总之，凡是本本上没有，文件上没写，领导上没讲，先进单位没干的，一律不想、不说、不干。他们怕搞错了，上级批评，群众埋怨。这些同志为什么就是不怕四个现代化不能早日实现呢？归根到底，是他们对实现四化缺乏紧迫感，缺乏主人翁的责任感。

当然，任何改革方案、措施、办法也不可能一次完善，它要经过千百万群众的实践检验。在实践的过程中，错了改正，再错了再改，都是难免的。我们要允许不成熟的东西出现，要允许失败，允许犯错误。在这个问题上，各级领导同志要当促进派，不要当促退派。上级机关要鼓励和指导基层干部，职工群众，解放思想，开动机器，勇于探索，大胆改革。"怕"和"等"的思想是极其错误的。中央的统一方案从哪里来？还不是总结全国各地实践经验制定出来。离开千百万群众的实践，就变成无源之水、无本之木了。我们应该积极鼓励下面大胆试验，使我们改革的步子迈得快些、更快些。

（原载《人民日报》1979年2月5日）

油井的"主治医师"——修井大队

1980年左右,油田开始出现套损井,年套损井数在100口井左右。在其后的30多年开发过程中,出现了三次套损高峰期。针对油田套损形势的变化,为及时有效修复,减少经济损失,1980年3月,一支专业的修井施工队伍应运而生——井下作业指挥部修井大队,即现修井一大队前身。

组建之初,在局有关部门和各单位的高度重视与支持下,指挥部抽调了大批经验丰富的工程技术人员,引进了国内外先进的修井设备,高位起步、高点谋划,摸索形成了七套修井工艺技术,走过了维护型修井时期、治理型修井时期和综合型修井时期三个阶段,修井工艺技术水平和修井能力得到了大幅度提高。

"十五"大以来,针对油田套损程度加剧、套损井况更加复杂的实际,井下人加大攻关力度,创新发展了深部取换套、侧斜修井和密封加固技术,研究突破了小通径套损井打通道、吐砂吐岩块井、深层气井及水平井等疑难井修井技术难题,通过套损井综合治理配套技术,及时有效治理了中区西部、西区、杏3区、杏4-6甲北块、喇7-30等区块的套损井，为恢复区块注采平衡、提高储量动用程度、控制成片套损区的扩展和套损率逐年下降做出了重要贡献，被誉为大庆油田的"主治医师"。

修井107队干部员工对起出的井下工具进行现场交流分析

井下修井107队青工对井内取出的铅模进行现场分析

"新时期铁人"王启民在中深部取换套施工现场

2010年底,井下作业分公司修井技术人员接到了一个极具挑战的任务:一年内,成功拿下喇7-30成片套损区。喇7-30区块的16口套损井,全部为小通径和无通道井,小通径打通道技术,不仅在大庆油田是技术空白,就是在世界范围内,也是始终没有被解决的修井难题。

16口井,口口不同。一口井一个难关,这一年,要连续闯关16次,才能完成套损区治理的任务。接到任务后,修井一大队成立以副大队长、主任工程师为主要成员的技术团队,开始攻关这一复杂区块。在失败中找教训,于实战中捋经验,他们逐渐把目光锁定在"让工具顺利通过下断口"这一关键点上。国内外现有工具无法满足要求,他们就自行加工改良，提出了"技术上由下而上磨铣"的大胆创新。一年的时间，经历数百次的方案修订、工具改进，终于攻克了这个世界级难题，喇7-30区块16口套损井治理任务宣告成功，每年恢复产能10万吨。这次打通道技术的成功试验，实现了30毫米以下小通径套损井治理技术的重大突破，填补了大庆油田修井史上的技术空白。在治理过程中发明的逆向锻铣刀、多级液压扩径磨铣工具、弯曲断口打捞器3种专用工具已申请了国家发明专利。

2011年，修井人又接手一个世界级难题——无通道套损井打通道技术。凡是套管完全错开、扭曲变形或夹有落物而无测试通道的套损井，都在他们的研究范围内，攻关难度进一步放大。特别是扭曲变形或夹有落物的无通道井，管柱接近"顶天立地"，上又上不来，下击还不动。要强的修井人从不气馁，经过3年的持续攻关，终于研究出了6类无通道井打通道技术和3项有落物报废技术，形成了无通道套损井报废技术规范，为复杂类型套损井治理提供了有效的技术手段。小通径和无通道井的成功修复，在修井领域的价值，不亚于在医学领域攻克了癌症，实现了油田大修井修复率的再次提高，为油田释放出了相当可观的产能。

开启现代企业制度新航道

1993年1月5日至10日,全国经济体制改革工作会议在北京召开。李鹏在会上指出:1993年的改革工作,一定要紧紧围绕建立社会主义市场经济体制的改革目标,进一步解决经济发展和经济体制中的深层次问题,既在体制转换的一些重要领域取得实质性进展,又能促进国民经济更好更快地发展。

三项制度改革后的井下作业公司组织机构

当年,油田的产业结构是在计划经济条件下按照"大而全"的模式架设的,虽然也在致力于钻井和井下作业市场的建设，但都是在油田的圈子里打转转，封闭色彩很浓。1993年10月10日，按照大庆石油管理局劳动、人事、工资"三项制度"改革的总体要求，实行主副分离、专业化统一管理，公司对机关及大队级单位工作机构进行大力度、宽领域的改革，先后落实解体"大而全""小而全"的要求，开始专业化重组，对多种经营方式改造，改革干部人事制度、劳动用工制度和产权制度。农工商井下分公司撤销，井下作业公司丰收农工商企业公司、登峰农工商企业公司、龙岗农工商企业公司、井下原材料生产公司、校办企业公司、劳动服务公司、特车修理总厂、井下工具厂、西虹电器厂、门窗厂等10个单位，以及原多种经营办公室注册的井田实业公司、公司各单位多种经营厂（站）组建大庆井田实业公司，集中管理各多种经营单位。

按照转换经营机制实现优质服务、落实解体"大而全"管理体制的需要，组建了综合服务总公司。包括登峰服务公司、丰收服务公司、龙岗服务公司、五星服务公司、高平服务公司、安装搬运公司、压裂服务公司、修井服务公司、井怡服务公司、机关服务公司和物资经销公司等，是服务于主体、配套于生产、方便于职工的综合性服务实体。将机关多种经营办公室归并到井田实业公司；对外经济合作办公室归并到先知企业总公司；生活科归并到综合服务总公司；教育办公室与职工学校合并成立教育培训中心；卫生科与职工医院合并成立医疗卫生中心。解体公司机关"小而全"的机构设置，将其附属序列单位一律划归综合服务总公司管理，将其附属的经营性公司一律划归井田实业公司。原准备分公司更名为安装搬运分公司；原物资经销中心更名为物资经销分公司；原运输分公司更名为特车修理厂；原材料生产分公司知青厂更名为石油构件厂。

  随着国家不断深化计划、投资、税收、外贸等领域的配套改革，以深化流通体制改革推动石油工业市场化改革。以石油价格为中心的流通体制改革，构成石油工业市场化改革的主要内容。随着石油行业逐步由市场调控取代原先的行政、计划管理，公司将原多种经营办公室注册的井田实业公司和对外经济合作办公室注册的先知企业总公司，全面推向市场，与主体分离，实行"四自"经营。井田实业公司包括丰收农工商企业公司、登峰农工商企业公司、龙岗农工商企业公司、井下原材料生产公司、校办企业公司、劳动服务公司、特车修理总厂、井下工具厂、西虹电器厂、门窗厂等十个厂。先知企业总公司包括宏大电器灯饰公司、派蒂克石油机械配件有限公司、金瓶机电工程设备有限公司、芳明时装有限公司、大庆开发区的先知服务公司、先知建筑安装公司、沿海沿边的惠州先知实业发展公司、威海先知实业发展公司、黑河先知经济贸易公司、同江先知实业发展公司、满洲里先知经济贸易公司、俄罗斯萨尔纳格鲁巴公司等 12 个公司。

  国企改革是企业生存与发展的必然选择。由于可借鉴的经验有限，改革过程需要"摸着石头过河"，逐步调整方向和步伐。公司秉持"不能保护落后"的理念，大胆实践，积极探索，成功实现了三大变革：打破了封闭的管理模式，改变了计划经济下的生存方式，更新了不适应市场经济的思想观念。通过建立良性竞争机制，公司打破了"藩篱"和"围墙"，锤炼了团队，提升了效益，增强了整体实力。这一系列举措，有效化解了社会主义制度下计划经济与市场经济之间的矛盾，为油田改革迈出了关键一步，也为建立现代企业制度和深化油田改革奠定了坚实基础。

关怀　永久的动力

　　1990年2月26日，初春的朝阳辉映井场，井下作业一分公司作业102队的队旗迎着清爽的春风猎猎飘扬，作业机静静地矗立在井场，压裂车、罐车、仪表车整齐地排列在施工现场，在晨光的照耀下熠熠生辉。

　　作业一分公司作业102队队长谢永利和书记许立林带着张中保、邓建涛、周德臣、高伟、李辉、孙志明和刘范7名员工，像往常一样坐班车来到井场。刚一下车，谢永利就被吓了一跳，井场周围突然出现了很多警察和便装人员。很快，他和队友便被告知不得随意走动或离开井场，统一在值班房等候。谢永利突然回想起来，几天前，他们接到通知要迎接上级检查，看来就是今天了。对于这次迎检，谢永利很有信心。全队忙活了好几天，严格按照井下作业的要求，开展现场规格化。当时最难清理的是履带板作业机，因为这个设备出油量大，工具配件极难清理，但谢永利觉得作业102队是标杆队，必须有标杆队的面貌，别说是作业机，包括管钳在内的所有工具配件，他们都是先土蹭再用布擦，坚决做到"物见本色，铁发光"。

大约 10 点，作业现场接到明确指示：江泽民总书记即将抵达拉 6-3114 井施工现场。谢永利和队友们一听说要迎接的是江泽民总书记，都兴奋极了。他们本来以为这次迎接的只是普通的检查，没想到党中央的领导会来视察他们这个小井场，激动的心情难以言表。谢永利和队上的兄弟们说："咱们队伍必须拿出最好的状态迎接首长视察！"

14 时 35 分，一辆考斯特中巴车驶入井场，中共中央总书记江泽民、国务委员邹家华，在中国石油天然气总公司总经理王涛、黑龙江省委书记孙维本以及大庆市局领导张轰、王志武等陪同下，下车视察，与在场的公司经理、公司党委书记、公司办公室、生产经营办公室、第一分公司、压裂分公司等相关领导和员工一一握手。

江泽民总书记心系群众生活，他首先进入野营房，查看现场职工生活用餐情况。看到灶台上摆放着干净的不锈钢餐具和准备制作的菜，江泽民总书记亲切地问："同志们的伙食怎么样？"厨师刘范回答道，"总书记，我们今天的主食是馒头，四菜一汤！"江泽民总书记满意地点点头说："好啊，生活还不错，卫生环境也打扫得很不错"，并向随行的国务委员邹家华等领导称赞井场野餐房搞得好，干净卫生，很好地解决了作业工人在野外施工现场就餐难的问题。

出了野营房，江泽民总书记来到施工井口附近，与现场列队等候的9名施工人员一一握手。与队长谢永利握手时，他关心地问："风大不大，受不受罪，干活累不累？"谢永利斩钉截铁地回答："不累，也不受罪！""不错不错"，江泽民总书记欣慰地点点头。

随后，有人提议合影留念，江泽民总书记和大家背靠万顷油田，面朝蔚蓝晴天，记录下了这珍贵的一瞬间。拍摄结束后，江泽民总书记走向了井场东侧15米处的压裂施工井口，一路上，局总工程师王德民向江泽民总书记介绍了压裂工艺以及措施增油的简要原理……

当时，压裂现场有五台型压裂车，十多台罐车、一台混砂车和一台仪表车，负责接待任务的是副经理孟祥杰，他是工程组组长出身，也是压裂现场施工管理业务专家。

看到气派的压裂车，江泽民总书记好奇地问："这辆车多少钱？"孟祥杰回答道："江总书记，这辆车53万美金，1800匹马力！"在听到孟祥杰介绍压裂施工的操作和控制主要在仪表车内完成后，江泽民总书记决定登上仪表车看看。

走进仪表车，江泽民总书记详细询问了施工期间仪表车如何具体进行操作和控制等问题。孟祥杰细致解答了每个部件的功能和操作简明流程。江泽民总书记听得很认真，他看着仪表盘的英文标识就知道每个按钮的大概功能。除此之外，江泽民总书记还对胶联剂、暂堵剂等压裂用料留下了深刻印象。

在历时24分钟的视察过程中，江泽民总书记平易近人，密切联系群众，关心工人疾苦，让在场员工深受感动、备受鼓舞，给大家留下了美好的记忆……

调研结束后，作业102队按照江泽民总书记在大庆调研的讲话精神，开展大找差距活动，队党支部又重新修订了1990年的管理规划，提出了新的奋斗目标：各项工作创一流，年底争夺三牌队。谢永利向队上的同志们说："我们要带着总书记的关怀再立新功！"

英勇抢险　制服"气老虎"

1995年冬,井下作业公司迎来了成立以来第一场也是最严峻的一场抢险"大考"——喇气-109井井喷抢险。

11月19日,寒风凛冽,喇地上霜。一场突如其来的事故打破了冬日的静谧:喇气-109井,突然发生井喷泄漏!这口位于长垣喇嘛甸气顶区的高产气井,像被一只无形的巨手猛烈摇动,连油带气喷向高空,蓝色天然气在夜空中肆意蔓延,在井口冷凝成霜,巨大而尖锐的气鸣声不绝于耳,如同一只被激怒的"气老虎",在黑暗中咆哮着、怒吼着。

井喷时间越长,井内压力越大。施工作业队已然拼尽全力,却仍然无法控制住这股肆虐的力量。喇六上空,笼罩着让人窒息的刺鼻气味,紧张与不安的情绪在人群中蔓延。一旦施工出现火星,引起天然气爆炸,后果将不堪设想,采油六厂的油田设施和周边居民的生命财产安全受到严重威胁。

越是危急关头,越需要英雄队伍挺身而出。大庆石油管理局领导第一个想到的就是"硬七队"精神的发源队伍——井下作业公司。他连夜将电话打给了时任井下作业公司党委书记尤靖波同志:"喇气-109井井喷泄漏,急需有施工经验的井下队伍抢险增援！"抢险，分秒必争。在这场与时间赛跑的战斗中，任何一秒的延误都可能带来无法挽回的后果。井下各级领导立刻行动，火速赶赴喇嘛甸区块现场指挥。同时，负责采油六厂施工区块的作业一分公司紧急集结抢险队伍60人，修井分公司、作业二分公司迅速响应，各组织20名抢险队员，从四面八方急赴抢险现场。一时间，喇气-109井周围汇聚了一支由上百名抢险队员组成的强大队伍。

百余人的现场鸦雀无声，只有"气老虎"一阵紧似一阵的咆哮，狠狠地拉扯着每一名抢险队员的心。

公司领导班子在喇气-109井现场成立临时指挥部，迅速查看险情，摸清井况，研判后果，制订出了详细的"三避一特"抢险方案：避免产生火星，立即从作业三分公司调用合金铜材质的控制器铜圈、扳手、管钳等铜质工具；避免静电起火，将井口方圆100平方米的场地全部铺上毛毡；避免衣物引火，所有抢险队员一律穿棉质工服、防雨胶鞋，禁止穿带有纤维材质的外套和平时上井用的翻毛"大头鞋"；特制两层夹板全封控制器，提前将铜圈粘压在控制器槽内，用大绳从四个方向拽紧控制器，顶住井内喷出气体压力，缓慢平稳下放对准井口，坐紧控制器，控制井喷。

铿锵足音

1995年11月19日，喇气-109井抢险施工现场

这次抢险，技术难度极大，危险系数极高。抢险队员们不仅要技能高超、胆大心细，还得有临危不惧的勇气和舍生忘死的信念。

百余名抢险队员摩拳擦掌，个个递交了"投名状"，誓要与"气老虎"一决高下。选谁去？"党支部书记、队长打头阵！参加抢险的，必须是共产党员，必须是业务骨干，必须保证战斗胜利！"

次日清晨，天刚蒙蒙亮，抢险将士们已整装待发。这是一场与时间赛跑、与死神较量的战斗，也是一场条件异常简陋的战斗，没有防护服装、没有防毒面具，一顶安全帽就是仅有的防护装备。"硬七队"，从来只看精神，不讲条件。用两个小棉花团塞入耳朵，向着抢险区域，冲！

时任作业一分公司经理秦刚身先士卒，把扳手往腰上一绑，第一个冲上了井口。他指挥带领着 20 人为一组的四组队员，从四个方向用棕绳系紧摇晃的控制器，屏气凝神地对准井口。井下压力巨大，一次又一次尝试，一次又一次失败，队员们咬紧牙关坚持，没有一个人打退堂鼓。经过一个多小时的艰苦战斗，终于坐稳了控制器，拧紧了螺丝，制住了井喷，咆哮的"气老虎"被降伏，一下子哑了声。

一时间，喇气-109 井场上欢呼声四起。

一幕幕惊心动魄的场景，一个个英勇冲锋的汉子，用行动诠释了"硬七队"精神，让场外人员无不为之动容。为将生死置之度外的抢险队员，为与天斗、与地斗的豪迈士气，为来之不易的胜利，喇气-109 井场上，响起了经久不息的掌声。抢险任务的胜利完成，得到了油田领导的高度认可，专门批示 5 万元的奖励，由公司领导全部发给抢险队员。

这是井下作业公司第一次直面如此紧急、危险、艰难的气井抢险挑战。经此一役，又一次擦亮了"硬七队"的金字招牌，成为油田井喷失控应急抢险的"第一选择"，当仁不让地肩负起了"保卫油田平安"的职责与使命。

"六要五治" 提升井下现代化管理能力

1997年，是国家历史上极不平凡的一年，香港回归祖国，党的十五大胜利召开，国民经济健康快速发展。油田高产稳产的大好形势，也给井下作业公司带来了难得的发展机遇，特别是"九五"后三年，是公司成立三十多年来最重要的历史时期，面临着加快国有企业改革的重大考验，承担着建立现代企业制度和实现两个根本性转变的双重任务。

井下作业公司压裂车组出车现场

面对难得的发展机遇和繁重的生产经营任务，公司领导班子深入调研，研判形势，集思广益进一步理清公司

"九五"后三年的工作思路，力争在改革与发展上迈出新的步子。按照管理局的发展规划，结合公司实际，公司实施"六要""五治"工作思路，建立六大运行机制，实现五个奋斗目标。

"六要"，即经济效益要增长，就是公司的各项工作都要以经济效益为中心，实行两个转变，走集约化和内涵扩大再生产的路子，通过大力推进科技进步，积极开拓市场，努力降低消耗，使公司的经济效益有一个较大幅度的增长。企业管理要加强，就是通过强化企业内部的管理，向管理要效率，向管理要效益，向管理要质量，向管理要信誉，保证公司经济效益目标的实现。重点强化人、财、物、资产、质量和基础工作的管理。队伍素质要提高，就是有计划、有步骤地搞好干部和工人的培训，不断提高职工队伍综合素质，为公司逐步打向国内外市场奠定坚实的基础。生活设施要完善，就是按照逐年完成、集中配套的原则，加强生活设施的配套建设和生活供应基地建设，改善职工生活条件，进一步增强广大职工的凝聚力和向心力。多种经营要发展，就是按照管理局要求，加快改组、改制的步伐，从转换经营机制入手，采取股份制、兼并、租赁、股份合作制、承包经营等多种形式，放开搞活多种经营企业，真正使多种经营企业的发展成为公司新的经济增长点。职工收入要增加，就是心里时刻想着职工的利益，时刻关心职工的利益，从职工利益出发，研究问题，解决问题，在增产、增收、增效的基础上，使职工的收入稳步增长，充分依靠广大职工办好企业。

"五治"，即依法治企，要求各级领导干部加强对公司法、合同法、会计法、税法等法律知识的学习，增强法律意识，牢固树立依法经营的思想，运用法律手段维护公司的经济利益、维护职工的合法权益。依制度治企，就是要建立健全各项规章制度，理顺管理关系，规范管理行为，保证公司生产经营活动有序运行。依改革治企，就是通过改革内部管理体制，营造新的运行机制，建设精干高效的机关，健全和完善劳动用人管理机制，健全和完善劳动分配机制，健全和完善监督考核机制，达到适应市场经济要求、促进公司发展的目的。依科技治企，就是要依靠科技进步，发展生产力，调整产业结构，开拓国内外市场，扩大市场份额，增强市场的竞争能力。依政策治企，就是要善于制定政策、实施政策，靠政策去引导和规范干部工人的行为，靠政策进行收益分配，靠政策调动干部的积极性，靠政策调动工人的积极性，最终保证实现公司的各项生产经营目标。

在运行过程中，建立六大运行机制，加快公司的发展步伐，主要包括：建立科学决策机制、建立竞争激励机制、建立效益分配机制、建立科学管理机制、建立监督约束机制、建立有力保证机制。同时制定了未来三年公司经济发展、科技攻关、收入福利、队伍建设和基层建设要实现的五个奋斗目标。

1999年3月，大庆石油管理局副总工程师王玉普、井下作业分公司经理范垂明为科技人员颁奖

实施"六要""五治"工作思路，建立六大运行机制，实现五个奋斗目标是一项宏大的系统工程，是一个有机的整体。"六要""五治"和建立六大运行机制是实现五个奋斗目标的保证。按照现代石油公司管理体制和运行机制的模式，只有做好"六要""五治"和建立六大运行机制这篇"大文章"，努力建立现代企业制度，才能使我们公司真正走向市场，逐步向现代化技术服务公司过渡，为大庆油田经济持续健康快速发展作出应有的贡献。

镇守"南大门" 作业铁军铸丰功

九十年代初,油田加快外围葡萄花、朝阳沟、榆树林油田的开发进度。在这一过程中,有一支奋进的铁军,他们走南闯北、敢打敢拼,在外围油田的开发建设中,建立了不朽的功勋,他们就是镇守公司"南大门"的作业三大队。

为适应外围油田的大规模开发,1985年9月25日,作业三大队从丰收村整体搬迁至大同区高台子镇高平村,距离市区62公里,成为最远的一支前线大队。施工区域西到新站,东至朝阳沟,南起头台,北达榆树林,纵横200余公里。队伍在东搬西迁中迅速成长为能吃苦、肯奋斗、勇担当的"外围铁军",连续打赢了鏖战临江乡、三上朝阳沟、四攻榆树林等多场战役。

井下作业三大队办公楼

外围往往意味着艰苦，因为其通常距离核心资源、便利条件较远，面临基础设施不够完善、交通不够便捷、物资匮乏、教育医疗资源薄弱等艰苦状况。

"聚人心，稳队伍"。注重在政治上做引导，在思想上做文章。新兴的外围油田虽说条件艰苦，但也蕴含着难得的发展新机遇。公司一方面向员工认真讲解开发外围油田的重要意义，倡导员工积极投身到油田开发建设最前沿。另一方面，在生活上多关心，真心实意为员工办实事、办好事，先后为员工解决住房、子女上学、菜篮子等实际问题5件，彻底排除了员工的后顾之忧，镇守"南大门"的作业铁军从此扎下了根。

哪有活都要干，哪有井都要上。随着外围油田的开发力度持续加大，外围作业呈现出施工点多、面广、战线长的特点。1995年，仅有的8支作业队最多在朝阳沟、榆树林等6个区块同时施工，其中压裂6层以上、井深2000米以上的井型，以及热化学、斜井、小井眼等高难度压裂井占据施工任务的40%以上。施工范围广、通讯不发达、工作量不足、生产协调难、土地矛盾多、劳动强度大等真正难题也接踵而至。

面对这样一个生产形势，大队积极研究解决对策，派遣2名副大队长主抓生产、统揽全局，3名调度长分区负责，形成各区块独立作战的生产指挥体系，坚持每日早、中、晚3次与小队沟通，及时掌握生产动态，实现统一协调。定期听取工作汇报，处理问题一起上，没有活干分头找，群策群力搞管理，充分发挥集体力量，总结形成"早晚一炉香，一天三碰头，下去一把抓，回来再分家"的特色经验做法。大队又将传统的三班半倒的工作模式进行了调整，推行了适应外围作业特点的"两班倒，计件包干"的弹性工作制，既保障了生产连续性又兼顾了员工常年驻外的休息问题，使队伍在几百平方公里的战场上作战有力、来去自如，工作热情和幸福指数显著攀升。1995年，完成油水井压裂643口，上缴利润2900万元，取得了良好的经济效益。

井下作业303队干部员工合影

工作干得好，收入不能少。1996年，作业三大队把降本增效作为经营管理的重中之重。全面推行成本管理责任制，逐步完善了"把好五关、建立三制、突出一激励"一整套管理办法，对现场施工、油料消耗、劳务支出以及现场支票使用严格把关，由小队长签订成本管理"责任状"，把责任分解落实到本部职能组办，把指标细化分配到班组，通过逐级管理，形成了人人头上有指标，全员参与热情高的良好局面，单井成本由15.6万元下降到14.19万元。

效益上去了，质量不能降。本着员工"缺什么补什么、干什么学什么"的原则，大队定期组织专项技术培训，详细讲解新工艺、新技术理论知识，深入现场面对面指导操作方法，把施工现场作为技术培训的主战场和主课堂，使员工进一步掌握斜直井、小井径压裂和外围压裂改造的工艺技术，创造了小井径压裂一次成功率100%的新纪录。凭借着精湛的技术，外围采油厂主动将松花江边上的3口勘探气井和已经分配给民营作业队的4口转注井交由大队施工，为公司在油田外围打响了品牌，闯出了信誉。

1998年，面对采油厂压裂需求萎缩严重的实际，大队响应公司号召积极进行产业结构调整，新成立2支试油队伍，抽调原试油队技术员边施工、边培训、边配套，不断加大试油工作支持力度，迅速形成强大战斗力。即使工作量密集，

9套设备同时开工的情况下，依旧能够高效运行，大幅度缓解了压裂市场萎缩矛盾，也为下一年度拓宽主营业务范围、抢占试油市场创造了有利条件。当年，完成油水井压裂793口，上缴利润4249万元，生产经营水平连创新高。

改革发展的道路注定不会一帆风顺，但惟其艰难，才更显勇毅；惟其笃行，才弥足珍贵。公司开拓创新、勇担外围油田开发重任，严抓外围铁军队伍建设，打基础，强管理，提效益。作业三大队生产经营和队伍建设水平不断提高，在稳油控水、安全环保、技术革新、队伍稳定等方面夺得奖牌、奖旗百余面。先后获得"市级文明小区""市级文明单位""市级文明单位标兵"等多项荣誉，1998年被评为"省级文明单位"。先后在稳油控水、安全环保、技术革新、队伍稳定等方面夺得奖牌。大队有多个基层小队获得过分公司、油田公司、总公司先进单位称号。其中，作业303队自1984年起连续3年获得中国石油工业部社会主义劳动竞赛金奖，1992年获得中国石油天然气总公司"双文明"一级队荣誉，2001年起连续三夺石油工业部铜牌队，2009年获得"中央先进集体"荣誉称号，还培养和造就了黑龙江省特等劳动模范、油田公司劳动模范等一大批标兵模范人物，为镇守好公司"南大门"、当好外围油田开发上产的主力军发挥了重要作用。

深入开展"学普创" 队队都是好榜样

1998年,时值改革开放20周年,中国改革进入攻坚阶段。为认真贯彻党的基本路线和局党委下发的《党支部工作条例》,实现油田二次创业的宏伟目标,完成公司第七次党代会提出的工作任务,公司党委决定,在全公司深入开展"学习作业102队经验、普及作业102队水平、创建作业102队式小队"的活动。力争在三年时间里,全公司60%的小队达到作业102队式小队标准,使各项工作进一步上标准、上水平,全面促进公司"三基"工作,增强基层党支部的战斗力。

1998年6月26日,《关于在全公司深入开展"学普创"活动 全面加强基层建设的通知》的下发,正式吹响了"学普创"的号角。

作业102队,是公司的一个老标杆队伍,曾被石油工业部授予"井下作业硬七队"等光荣称号。在改革开放的新形势下,他们既坚持发扬大庆石油会战光荣传统,又锐意进取,开拓创新,多次被评为公司、局和总公司先进队,连续三年被中国石油天然气总公司评为金牌队,党支部先后6次被评为局先进党组织。在长期工作实践中,他们坚持加强以党支部为核心的基层建设，培养了一支思想好、技术精、作风过硬的职工队伍，保持了油田生产经营管理的高水平，形成了一整套切实可行的基层建设经验，为全公司树立了学习的榜样。

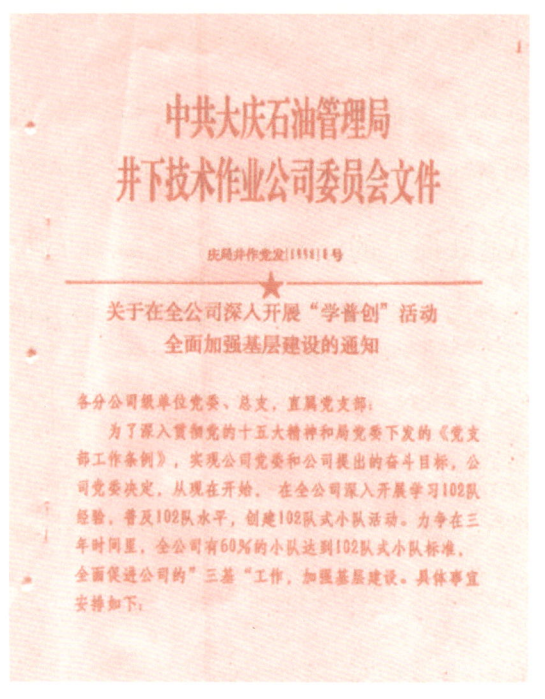

关于在全公司深入开展"学普创"活动
全面加强基层建设的通知

向作业102队学习，要学习他们"争第一、站排头"的进取精神；学习他们坚持"高标准、严要求"的过硬作风；学习他们在改革开放中敢试敢闯求真务实的科学态度；学习他们胸怀全局、勇挑重担的奉献精神。普及作业102

队水平，要普及他们在实践中形成的坚持民主集中制原则，建设适应油田二次创业需要、政治上强、懂经营、会管理、团结协作、开拓进取、得到职工拥护的领导班子建设经验；要普及他们高标准、严要求，敢于管理，善于管理，提高经济效益的经验；要普及他们机制灵活、制度健全、各项资料齐全准确、事事做到规格化的基础工作经验；要普及他们坚持和发扬大庆精神铁人精神，建设一支思想好、技术精、作风硬的职工队伍经验，通过学习他们的精神，普及他们的经验，使更多的基层队达到作业102队的水平。

学要有内容，赶要有方向。公司党委总结作业102队的宝贵经验，制定了作业102队式小队的4大标准。

中国石油天然气集团公司"百面红旗"单位，油田公司"功勋集体"作业102队

领导班子，践行"六要"准则。要有高站位，在思想上、政治上同党中央保持一致；要求实务实，上现场、下基层跟班劳动；要坚持民主集中制原则，重大问题经班子集体讨论作决定；要人人懂生产、会经营、有技术，善于做思想政治工作；要清正廉洁，办实事、办好事，职工信任率在80%以上；主要领导要年富力强，文化程度高中以上，岗位培训参训率达100%，有党政全面工作经验。

职工队伍，达到"四好"目标。政治素质好，勇挑重担，敢打硬仗，有主人翁责任感；技术素质好，经过各种岗位理论和技术培训的职工达90%以上，公司和分公司级技术能手占职工总数20%以上；遵守纪律，执行各项规章制度，实现职工无违法、无犯罪、无严重违纪、无人为生产事故；骨干作用发挥好，发挥党员团员先锋模范作用、班组长骨干带头作用、老工人传帮带作用。

经济管理，聚焦"五强"措施。强化市场开拓，按时完成工作任务，保持良好企业信誉；强化成本管理，班班有任务、人人有指标，取得良好经济效益；强化质量管理，全年施工无事故井和返工井，作业工序一次成功率98%以上；强化企业民主管理，开展群众性合理化建议和技术革新，开展"QC"小组、"双增双节"活动，完成节约费用指标；强化考核管理，调动职工生产积极性。

基础工作，筑牢"四优"根基。优化规章制度，坚持规范、具体、操作性强的原则，完善作业队岗位工作标准、生产管理制度、内务管理制度和党建思想政治工作制度；优化基础资料，按照"两图一表""6831"要求，健全完善基础资料；优化现场管理，施工现场标准化、规格化，各种工具摆放整齐干净；优化生活管理，野炊房室内清洁卫生，各种炊具无油污，物品摆放整齐，提供卫生食品。

通过历时3年的"学普创"活动，公司基层队伍实现了4个提高：班子建设水平提高，"三个面向，五到现场"的优良传统得到深入践行，班子成员充分赢得了职工信任，书记、队长具备两个文明一起抓的能力；队伍建设水平提高，打造了一支观念上更适应市场经济要求、价值观更端正、工作作风更严细、思想更统一、业务和技术水平更高的职工队伍；管理工作水平提高，培养出了一批ISO9002质量标准的示范队，养成了工具用具"明码标价"使用的控本习惯，井场规格化、标准化水平实现新提升；基础工作水平提高，新建和完善班报表、油管原始记录、质量跟踪卡、施工交接书等多项基础资料，基础工作愈加夯实。"学普创"活动的深入开展，为公司可持续发展打下了坚实基础，营造了"队队都是标杆队"的齐头并进态势。

工具更新换代　　保障能力提升

如果说工艺技术是油田医生实施改造挖潜的手艺、方法，那么下井工用具就是医生手中的手术刀、家伙事儿。回顾分公司的发展历程，伴随着改造水平、业务范围、工艺技术的不断发展，下井工具也在不断地发生着变化。

要想让油田"健康"地产油，就必须有合适的工具。针对不同时期开发的油藏地质特点，分公司在致力于科研试验攻关，大力发展作业、修井、压裂系列配套技术的同时，配套工具也在同步地发展和更新。油田开发早期，最有代表性的当数"糖葫芦"封隔器的研制，专家们历时8个月，历经1018次试验才研制成功，缓解了注入水单层突进的问题，有效控制了油井含水率的上升。随着工艺技术的不断完善，压裂下井工具的种类和结构也越来越复杂，累计创新研发了Y344、K344系列封隔器，PSQ112H、PSQ114D、PSQ114HD系列喷砂器，喷嘴、水力锚、安全接头等下井工具，为各项技术措施的有效实施提供有力的保障。

随着油田开发的深入、工艺技术的完善、修井能力的提升，井下工具的种类和结构也变得越来越复杂和多样。

从解卡打捞工艺，到浅部取套、整形加固工艺，再到深部取套、密封加固、侧斜工艺，以及2015年的无通道套损井修复、高危气井及水平井修井工艺，下井工具的升级完善大致可分为1980—1986年的维护性修井阶段、1986—1994年的治理型修井阶段、1994—2010年的综合修井阶段、2010—2015年的区块整体治理阶段4个阶段。每个阶段、每一个工具的诞生，都凝结了井下技术、技能人才的汗水和智慧。进入21世纪以来，通过不断总结和发展，在过去较为单一、种类不多的井下工具的基础上，开发形成了检测类、打捞类、切割类、倒扣类、套管刮削类、挤胀类、钻磨铣类、震击类、套管补接类、加固类和辅助类等11类约1300多种工具，这些工具的研究与应用极大地促进了修井工艺的发展，为大庆油田的产能建设作出了突出的贡献。

说到井下工具的发展，就不能不提到工具厂。作为分公司工具制造、加工和生产的重要单元，工具厂主要承担作业工具的制造维修、井控装置维修、地面高压件维修检测和科研工具试制。1960年，只有机加、铆锻两个生产车间，4台设备和20名满怀热情的职工，就是工具厂的全部"家当"。万事开头难，刚成立那会儿，条件艰苦，资源有限。千难万难，也难不住井下职工埋头苦干的工作热情。他们从零开始,自己动手安装设备、磨合技术,白天各自独当一面,忙碌于厂房之中,晚上则围坐在灯光下,共同研究经验技巧。一次接到紧急"订单",从领导到职工连着熬了三个通宵,谁也没回家。困了就在桌子上趴一会儿,醒了就继续干活。到底赶在规定时间前,完成了任务,为油田的开发提供了有力的支持,圆满完成井口配件、刮蜡片、打捞器、清蜡绞车等设备的零件加工和修配,以及一般的轻、小容器的加工和部分工程结构件制作的机加任务。1965—1975年,公司机械加工生产能力大幅度提高,设备增加到60台,职工人数也发展到500人,已能担负产能工具的试制加工、部分测试仪器的试制加工、配套工程的技术改造、各类工具的加工制造、机修配件和农机具的维修加工制造。1976—1989年,公司机械加工生产能力迅速发展,拥有大型机械加工设备124台(套),包括金属切削机床60台,铸、锻、铆设备23台。产品质量稳步提高,先后创出省、部优质产品五种。2011年以来,工具厂承担"5½ in"套管井超短半径径向侧钻水平井挖潜剩余油技术研究""水力喷射压裂系列工具研究""滑套式分层8级压裂管柱研究""扶杨油层难采储量直井压裂现场试验"等10余项科研项目工具的试制,共试制项目工具万余套。

井下工具厂工具车间

经过多年的发展,分公司工具加工能力、业务规模不断扩大,先后通过了 ISO9001 认证和 API 认证,具有一整套质量保证体系,形成了"1+4"量化考核、"三三四四质量控制法""手中干着下井工具、心中想着工具下井"等特色企业文化。

反承包　外方亮出最高分

1998年，按照油田"走出去"战略规划，分公司制定了"立足大庆市场、开发国内市场、打入国际市场"的思路，并在同一年争取到了为加拿大皇朝公司（大庆肇州州十三区块）提供反承包技术服务的机会，这是井下人第一次闯入国际市场，开启了分公司外闯市场的先河。

1997年10月，井下作业公司与加拿大皇朝公司签订了肇州13区块5口井的试油合同，这项工作任务，由修井分公司修井四队（现修井一大队修104队）承担。

1998年1月7日，修井四队正式开工，其试油一次成功率达100%，因表现出色，这支队伍先后得到甲方的4次嘉奖。加方现场监督经理对他们的评价是：队伍高素质，服务高质量，管理高标准，在加拿大是最好的队伍，在今后的合作项目中是首选队伍。

《大庆日报》在1998年4月25日一版头条以《反承包，外方亮出最高分》为题，报道了修井四队的施工实际，还在醒目的位置编发了编后语：第一次闯入国际市场的石油管理局井下作业公司修井分公司，就赢得一个"满堂红"。他们靠着强烈的竞争意识、规范的作业施工管理，紧盯国际作业程序和作业标准，赢得了市场的青睐。

井下作业公司反承包作业的成功，为石油管理局其他企业参与市场竞争提供了经验。实践证明，只要在高新技术、高素质队伍、高质量服务和高标准管理上下足功夫，就能够掌握市场的"脾性"，在激烈的市场竞争中争得一席之地。

时隔五年，井下的钻井施工队伍同样在该区块的反承包施工中，再一次受到甲方的青睐。

2003年3月10日这一天，在大庆肇州13区块打井的井下作业分公司5支钻井队全体员工振奋不已。香港中汇石油有限公司的总经理代表甲方，亲自到井队慰问，把一头头猪送到每个井队。而更令人振奋的是，井下人用真诚的服务赢来了甲方送来的一口口钻井任务。

年味还未散尽，分公司的钻井队伍便接到了这么大的"礼单"，而这意外惊喜的到来，自是有它充分的理由。位于肇州县城西10公里的州13区块，是大庆油田国际合作开发区块。2001年11月，香港注册的中汇石油有限公司获得了这个区块的开发权，对区块内的钻井施工实行招标。井下作业分公司得知这一信息后，积极组织力量进行接触，商谈钻井服务意向。当时参与招标的钻井队伍有5支，靠实力和信誉，经过多次协商和洽谈，井下作业分公司击败竞争对手，与中汇公司在2002年9月17日签订了钻井施工合同，实现了钻井主业在国际规则下开发、拓展市场的突破。2003年2月，新春的气息还在油城洋溢的时候，井下作业分公司1571、1572、15108三支钻井队开始了中汇公司的钻井施工服务。

井下作业分公司修井施工现场

州13区块属于边际油田，特点是低渗透、薄油层，中汇公司在开发、管理上注重加强油气层的保护，对钻井液的性能要求非常高，钻井液密度要求控制在1.15克每立方厘米以内。分公司给所有队伍配备了除泥器、除砂器和离心器，使用了双振动筛、离心机、甲酸盐钻井液体系，实行严格的钻井液三级固控，使钻井液密度达到了甲方要求。

在井斜上，甲方提出1500米的井井底位移不能超过25米，2000米的井井底位移不能超过30米。为了防止井斜超标，分公司给小队配备了新式的自浮式测斜仪，提高了测斜效率，保证了井身质量。针对该区块易井漏、测井易遇阻的特点，他们摸索出了在泥岩段加大防塌剂用量、完井前加适量携砂剂的方法，较好地解决了井塌和电测遇阻的难题。截至3月28日，交完的16口井井深质量优质率和固井质量合格率均达100%。合同中，甲方对施工时间有严格要求，一口1500米的井，必须在9天内完成，而且对每个井段的施工时间都有要求，例如打开油层钻井液浸泡不能超过72小时、工期超过一天罚款4000元。针对这种状况，钻井队狠抓搬家、开钻、完井等关键工序，超前组织，科学运行，减少故障检修时间和停工时间，提高生产时效，使建井周期由最初的8天缩短到6天，最快的只用了5天3小时。

为打好国际开发区块的井，树立良好形象，分公司领导高度重视，派出了技术最好的钻井队伍投入施工。本着学习国际规则的思想，各钻井队明确提出"一切为了甲方""甲方的要求就是我们的差距""对甲方监督必须尊重、服从"的服务理念，制定了队伍基础工作管理与考核细则，明确了每个员工的职责，把岗位工作好坏与奖金挂钩，使责、权、利相统一，员工的市场意识和服务意识明显增强。

内求聚合筑根本　　外求拓展显雄风

分公司市场开发工作始于 1998 年，并于 1999 年成为油田最早进入陕北压裂市场的单位之一。2000 年之后，分公司按照油田公司"走出去"的战略部署，全方位提升综合竞争实力，积极拓展外部市场。通过对内外形势的深刻理解和自身发展的不倦思考，确立了"立足定位、突出两翼、实现跨越式发展"的思路和目标，秉承"内求聚合，外求拓展"的理念，用技术、质量和信誉叫响了"大庆井下品牌"，彰显了井下人实施国际化战略、打造石油工程技术服务队伍的坚定信念，展现了井下人知难不难、知难而进的进取精神，诠释了井下人敢于在国内、国际市场舞台上"亮剑"的豪迈气概。

"内求聚合，外求拓展"是分公司外部市场开发理念，其内涵是按照"调结构、提能力、强保障、拓市场"的总体思路，全方位提升综合竞争实力，积极为开拓海外市场固本强基；坚持"借势借力、整合资源、提升能力、跟踪研究、抢占高端"的工作方针，持续提升国际化、规模化开发水平，使海外市场逐步成为拉动经济增长的"引擎"，加快推进一体化、产业化开发步伐，使煤层气业务成为分公司未来重要的经济增长点，为其实现跨越式发展提供"两翼"支撑。

井下作业分公司欢送外部市场人员出征现场

夯实基础，增强实力，提升外部市场基础工作水平。在海内外油气资源市场竞争日趋激烈的大背景下，分公司在激烈的市场竞争中力压群雄、抢占市场，不断固本强基提升实力。健全管理模式，持续优化"开发领导小组、市场开发部、国内外项目部"三级管理机构，积极构建简明、科学、高效的组织体系；明确在项目调研、报价、合同签订、产值、回款等环节中的主要职责，通过优化办事程序、加强量化考核、推进技术进步、规范劳动用工等综合性措施，确保项目平稳高效运行。提升参与竞争的实力，与市场需求融合，形成对压裂施工上下游一体化技术服务的格局，助力延长油矿石油管理局的原油产量3年间由135万吨上升到200余万吨，独家占领延长油矿西探区的压裂市场；与合作公司融合，掌握市场运作规则，自2003年起，陆续与吉林地区的16家独资、合资公司发展稳定的协作关系，以强大的竞争优势，占领吉林油田外部压裂市场70%的份额；与当地形势融合，2002年7月，延安地区遇特大洪灾，分公司外部市场员工主动参加抗洪抢险，修复冲毁道路，并向灾区捐款捐物折合人民币6000多元。推进国际化接轨，发挥海外项目部信息前沿、练兵平台作用，推进标准运行与国际要求相适应，加快推进各项体系文件英文化运行，提升基础资料接轨水平，为他们在迎审和竞标中争取主动奠定了基础；面向涉外人员有重点、有目的地开展外语交流、技能操作、安全反恐、商务运作、招投标管理等培训，培养储备了一批符合海外市场需求的涉外人才。

借势借力，抢占高端，提升海外市场规模化水平。随着集团公司建设综合性国际能源公司步伐的加快，分公司借助油田公司"一体化"开拓海外市场的有利契机，积极整合优势资源，把最先进的设备、最具竞争力的技术和人才配置到海外市场，推动优势业务大踏步"走出去"。2010

年6月，接到鲁迈拉油田IDC公司12套液压动力钳的招标信息后，分公司投标小组仅用半个月的时间就完成了技术规范编写、价格测算及标书制作并顺利中标。项目部通过优质的服务和过硬的保证能力，保持了项目高水平运行，赢得了甲方高度认可，将合同履行期延长了6个月，为持续开发伊拉克市场奠定了基础；同年9月，英国石油公司（BP）对12套修井机发出招标文件，项目部把握机遇、乘势而上，在同长城钻探、斯伦贝谢等8家国内外知名企业的同台竞技中，一举中标12套修井机订单中的7套，实现了对伊拉克市场的规模化进入，掀开了海外市场里程碑意义的新篇章。

井下作业分公司外部市场员工在陕北生活区就餐

突出品牌，发挥优势，提升煤层气开发产业化水平。经过多年市场锤炼，分公司积累了丰富的市场开发管理经验，具备了一整套修井、压裂、酸化等优势工艺技术，培养了一批作风过硬、勇于奉献的涉外铁军队伍，树立了良好的品牌信誉。他们牢牢把握国内煤层气产业起步晚、发展快、市场前景十分广阔的有利形势，努力推动煤层气业务产业化发展。2007年，得知山西晋城蓝焰公司煤层气压裂项目信息后，分公司只用15天就完成了可行性报告，10天完成了合同签订，45天完成煤层气压裂作业项目部及队伍的组建、设备的调试运转和生活基地建设，达到了开工水平，缩短工期四个半月，创造了日压裂3层、月压裂71层的最高纪录，在山西叫响了"晋城速度"。大庆探区煤层气"一体化"开发项目，已在鹤岗、海拉尔等地作业、部署了7口井，进一步积累了开发经验。在做好石油技术服务市场的同时，正在由传统能源领域向新能源服务领域转变，形成了煤层气开发一体化施工能力，已逐步将煤层气业务打造成为企业的支柱产业之一。

叫响"大庆铁军"

1999年2月,分公司压裂大队60多名干部员工乘上了奔赴陕北的列车。见惯了家乡朔风飞雪的东北汉子,还能顶住陕北的烈日狂沙吗?然而,无数个顶风冒雨的日日夜夜,证明了一件事:他们把大庆人的骨气带到了那里。他们勇敢地走出了黑土地,踏上了雄壮的陕北高原。在那里走出了一条"用企业文化推动生产管理,促进队伍建设,化解'区域沟壑',打造大庆压裂品牌"的光明大道。在那里他们被亲切地称为陕北的"大庆铁军"。

"铁军"的亲切称谓是陕北人民对压裂职工顽强作风和超人意志的敬佩之称,同时也饱含了陕北人民对分公司压裂队伍干部员工在陕北建设中所付出的情感、努力以及取得惊人成绩的认可。在陕北外部市场开发初期,压裂大队可谓困难重重。就人文环境而言,两地的生活、风俗习惯、处事方式等文化冲突随处可遇,一不留心就会产生矛盾,出现误解,影响市场的开发和拓展。就地理环境而言,陕北山高路陡,气候恶劣,时常沙尘弥漫,不见天日,尤其是一遇到雨雪天气,陡峭、溜滑的山路就无法行车,队伍就要在山上逗留三四天,只能靠饼干、矿泉水维持,职工时常是在饥渴中煎熬，给生产、生活造成了极大的负担。施工区块分散，地质条件也十分复杂，每到一个新区块，都要进行小型压裂试验，无形中增加了工作量和施工难度。

井下陕北延长压裂施工现场

以大庆精神铁人精神为核心打造"大庆铁军"品牌。转战陕北，他们始终把大庆精神铁人精神作为塑造品牌的核心理念。施工前，尊重甲方意见，细审、细核、细分析；施工中，认真操作，科学施工，满足用户要求，杜绝盲目求快、求成；施工后，回访反馈，聚焦效能，更新技术，积累经验，跟踪服务，实现互利双赢。2001年，压裂大队向陕北延长油矿推荐限流法压裂施工的川平一井，日产油

18吨，获得延长油矿一等奖。2002年7月，延安地区普降暴雨，引发了多年不遇的特大洪灾，给甲方造成重大经济损失。面对灾情，压裂大队迅速行动起来，参加抗洪抢险。抢险结束后，他们又为灾区捐款捐物折合人民币6000余元，为抗洪抢险作出了突出贡献。过硬的作风，可靠的技术，良好的施工效果，使"铁军"越叫越响，同时也使延长油矿石油管理局决策层深受感动，极为信服。甲方连续追加压裂任务，为进一步合作奠定了基础。

以特色服务理念作引领打造"大庆铁军"品牌。在特殊的环境和特殊的战斗面前，压裂大队突出服务意识，提出了"压开一口井，开启一个油源，赢得一个微笑"的服务理念，在全体员工中广泛开展文化理念教育。针对不同的用户、不同的施工地域的特点，把提高施工技术含量，压开每一口井并取得良好的压后产能，获得甲方满意的微笑，获得陕北人民的认同，作为创出大庆品牌、站稳陕北市场的制胜武器。他们紧紧围绕"尊重客户，诚信为本；讲求实效，科技为先；注重效能，质量第一；追求环保，绿色施工"的三十二字工作方针，制定了"出勤率不同，奖金不同；油料、原材料使用量不同，奖金不同；事故率、违纪率不同，奖金不同；工作态度、为甲方服务态度不同，奖金不同"的"八不同"考核制度。通过制度文化的约束作用，提升员工的素质能力和服务水平。

　　以文化的融合打造"大庆铁军"品牌。长期的外部市场开发，使压裂大队干部职工意识到，要想在外部市场复杂的背景下长期站稳脚跟，有技术、有精品是不够的，还必须同当地人民从文化、从情感上融合互动。他们尊重当地的风俗习惯，遵守当地的规矩，就像热爱大庆一样热爱当地的一草一木。他们施工的地方一到夏季，瓜果飘香，有时候坐在车里就可以摘下水果，但他们没有偷摘过一次，在当地树立起大庆人的文明形象。施工中，他们注意保护当地环境，杜绝跑、冒、滴、漏现象发生。为活跃职工文化生活，他们还多次与当地油田单位一起开展联欢活动，自编自演一些小节目，既增进了双方友谊，又丰富了前线的文化生活。他们把大庆文化和优良传统带到了陕北，而他们也学习延安精神、革命精神，取长补短、相互协作，与当地人建立起了深厚的友谊。

井下山西外部市场员工在人迹罕至的大山里合影

以基层为根　以员工为本　下管一级　内部模拟市场

2000年10月，按照油田公司改革部署，原井下作业分公司与原修井分公司合并，成立了井下作业分公司。这是大庆油田开发建设40多年来两大公司的首次合并，堪称强强联手。如何让这次合并实现"1+1>2"的效果，成了摆在分公司眼前的一大挑战。人员冗余、观念差异、机构重叠、国有资产庞大、管理层级复杂，特别是原来两个单位有着不同的发展历史和管理实践，管理方式、经营模式上存在很大差异，都让这次合并充满了变数和难题。

分公司领导层在复杂多变的形势中洞察先机，充分认识到，一个新企业有效运作的关键所在，是必须构筑政令统一、步调一致、收放有序的管理理念，用"车同轨、书同文"的无形力量，把广大员工紧紧凝聚到一起，达成从整合到融合的工作目标，开启双江汇流、强强联合的新篇章。通过上下结合，集思广益，反复征求各个层面的意见和建议，分公司提出了"以基层为根、以员工为本、下管一级、内部模拟市场"这一新的管理理念。

"以基层为根"，就是把基层作为一切工作的出发点和落脚点,任何决策、制度的出台和制定都要从基层角度来考虑,努力营造有利于基层良好运行的工作氛围和经营环境,切实加强基层建设,最大限度地发挥基层生产经营和管理的主体作用,促进企业整体经济效益和管理水平的提高。

"以员工为本",就是把人力资源视为企业最重要的资源,采取有效措施把员工的积极性、主动性和创造性发挥好、保护好,不断提高员工队伍整体素质,在政策允许的范围内,实现员工利益的最大化,增强企业的凝聚力和向心力。

"下管一级",就是在科学界定各管理层次、各管理岗位管理职能的基础上,实行分级管理,一级办好一级的事情,一级对一级负责,做到管理职能清晰,管理权限明确,实现管理有梯次、办事有程序、工作有效率,建立起集中有理与分散有度良性结合的管理机制。

"内部模拟市场",就是在企业内部,把基层单位作为市场中的独立生产经营主体,按照甲乙方内部模拟市场,实行合同化管理、规范化运作的经营模式,创造一个公平竞争的环境,增强市场竞争力。

分公司的管理理念,体现了以员工为本的思想,体现了基层的战略基础地位,体现了扁平化管理的思想,体现了以市场为导向的精神。通过学习宣贯，分公司的管理理念得到全体员工的认同，成为干部员工思想和行动的纲领，起到文化引领发展、提升管理、凝聚队伍的作用。

2004年6月，井下作业分公司首届员工田径运动会会场

着眼员工全面发展，建立人力资源开发机制。坚持以人为本，以建设学习型企业和知识型员工队伍为目标，以素质和能力建设为核心，以"五大人才体系"建设为重点，以两级管理人员、专业技术骨干和岗位操作技师为主体，逐步形成与企业发展相适应、符合人才成长规律的员工职业教育培训新格局和新机制，全面提升员工队伍的综合素质，调整和优化人才队伍结构。

着眼分级梯次管理，建立权责分配调节机制。把基层作为全部工作和战斗力的基础，本着"下管一级"的思想，实行分级梯次管理，建立起集中有理与分散有度良性结合的管理体制，科学界定各管理层次、岗位的管理职能，形成有效的权责分配调节机制。各基层单位成为一定范围内的决策主体、执行主体和利益主体，享有一定的经营自主权，是分公司的利润中心和成本控制中心，就能根据市场供求变化来调节自身的生产经营活动，提升了分公司的整体管理水平。

井下作业分公司员工食堂

着眼把握市场规则，建立内部模拟市场机制。进一步培育和发展市场机制，形成以市场为基础、以效益为主导的资源配置方式和生产经营模式，使基层单位逐步掌握市场经济的运作规则，不断增强各单位闯市场的能力。使基层单位在不同的市场、不同的产品、不同的施工项目中发挥主体作用，形成强大合力，扩大市场份额，增强竞争实力，为分公司的可持续发展作出了突出贡献。

在贯彻管理理念过程中，分公司对所有管理办法和规章制度重新进行了修改和完善，确立了目标利润、资产经营、费用承包和目标管理等 4 种管理模式，制定了包括生产计划、财务经营、队伍建设、监督考核等 10 个方面 50 个专业管理办法和规章制度，使分公司管理工作逐步走上了科学化、制度化的轨道。

以"全国用户满意"擦亮井下品牌

1990年末至2008年,分公司质量管理迈入体系化、系统化轨道。1992年,公司调整质量管理目标,向质量管理体系认证发起冲击,争取在质量管理工作上与国际标准接轨。

功夫不负有心人。经过周密筹备,1997年7月,在大庆石油管理局的统一组织下,依据1994版ISO9002标准,开展建立质量体系并进行体系认证的工作。经过近4个月的研究探讨、反复修改和试运行,公司质量体系文件正式定稿,并于1997年11月11日发布,1997年12月1日实施。

质量管理体系认证证书

井下作业分公司连续 20 年通过"全国用户满意单位"复评

  1998 年，公司经过两次内部审核、两次外部现场审核，在反复修改完善的基础上顺利通过。这标志着公司的质量管理工作已经实现了由全面质量管理阶段，向贯彻 ISO9000 质量体系阶段的过渡，预示着公司的质量管理工作已经与国际标准接轨。2000 年底，分公司合并重组后，再次提出质量体系整合工作目标，并于 2001 年 5 月开始实施。确定了整合后的 ISO9001 质量管理体系文件框架为 1 个质量手册、28 个程序文件。2001 年 11 月，长城（天津）质量保证中心对分公司 ISO9001 质量管理体系进行了现场复评审核，并顺利通过。

  ISO9001 质量管理体系认证工作虽然是一项烦琐的工作，但每一次的修订完善都是对质量管理的重大提升，就像一场漫长的马拉松，既是对耐力的考验，也是对更高标准的挑战。为了确保文件的准确性，相关管理人员认真查阅资料，反复集中讨论，不放过任何一个细节。经过10年的不断改进完善，分公司质量管理水平得到了极大的提升，井下作业品牌被越来越多的用户熟知。

好钢还需千锤敲。2008年，分公司质量管理与监督又有新变化。针对油田公司重组新形势新变化，分公司修订完善了《井下作业分公司工程技术质量监督管理办法》《井下作业分公司工程技术质量监督考核细则》等多项质量管理制度。同时，还完成了"质量监督系统软件"的开发，解决了齐家北、敖南、新肇等区块和采油五厂限流法井压裂成功率低的难题，提高了压裂一次成功率。质量监督系统软件的开发，不仅解决了施工质量难题，也实现了信息化与质量体系的有机融合，在分公司质量管理史上实现了新突破，为今后质量管理注入了新活力。

打铁还需自身硬。随着油田开发不断深入，对施工质量提出了更高的要求。作为油田专业化技术服务单位，分公司深入开展"质量提升年"活动，重点从打基础、强标准、严管控3个方面入手，不断提升质量管理水平。在夯实质量基础工作方面，分公司通过分类编制修井、压裂、作业等"标准化施工"文本，严格执行"五五质量保证法",坚持"每月质量通报、每季度质量分析"的内部评价机制和"定期回访用户,口井档案式跟踪"的外部评价机制等,筑牢质量管理基础。

  取人之长,补己之短。在强化质量标准方面,分公司通过严格执行ISO9001质量管理体系,并通过与国际先进同行对标以及海外业务的深入开展,积极引进和借鉴国外先进科学的质量管理模式和方法,推进与国际标准接轨,推行现场施工标准化、岗位操作标准化建设,进一步保证了施工质量,提高了措施效果。连续20年通过"全国用户满意单位"复评。

井下作业分公司荣获"全国实施用户满意工程
先进单位——用户满意服务"奖牌

针对制约质量水平提升的瓶颈因素，分公司在全面总结工程技术质量管理过程中形成的有效做法和成功经验的基础上，开拓创新，实施"六个三"工程：编制三种质量知识教材，明确施工质量标准；开展三项质量技能竞赛，提高全员实际操作水平；建立三级质量监督网络，层层监督质量措施执行；坚持三级开工验收，前移质量控制关口；狠抓三个重点监控，强化施工过程管理；健全三项评价考核机制，持续改进质量管理。坚决把好"量""质"两道关，注重环节控制，注重过程正确，注重细节效果，把每口井的施工作为精雕细刻的作品献给用户。正是凭借这一精细化质量管理理念和过硬的施工质量，分公司不仅得到了油田内部的充分肯定，还在吉林、山西、印度尼西亚、蒙古国塔木察格、伊拉克鲁迈拉等多个地区获得了良好口碑和认可，唱响了"大庆井下"品牌。

绿色施工初体验

伴随着时代的进步、油田的发展，井下作业逐步从粗放走向精细。随着国家对环保的重视，油田对环保的需求，绿色施工势在必行。分公司始终与时俱进，勇于开拓，把优质施工和环境保护有机结合起来，不断强化全员环保意识，经过多年发展，培育形成了"施工一口井，营造一片绿"的绿色施工理念。

"施工一口井，营造一片绿"就是要始终坚持"环保优先"的思想，在施工的每一个环节中注入"绿"的元素，实现从"末端治理"向"预防为主、全过程控制"转变，做到开发能源与保护环境同行，提高产能与保护地层同步。对此，"老标杆"作业102队率先实践"三绿"工作思路，实现了"清洁生产、绿色施工"的光荣目标。

"绿化"思想。文化理念提出以后，作业102队针对各项环保指标也出台了新的工作标准，使施工进一步标准化、规范化。一开始，很多员工不理解，认为这样增加了劳动强度，影响了施工进度。对此，他们组织干部员工认真学习《大庆油田可持续发展纲要》，引导员工围绕如何推进清洁生产、绿色施工，实现又好又快发展进行广泛深入讨论，并组织开展了"我为绿色施工献一计"活动。通过教育引导，干部员工深刻领悟到，清洁生产，绿色施工是落实可持续发展的根本要求，是我们打造队伍品牌的重要保证。大家纷纷表示，要以"施工一口井，营造一片绿"这一文化理念为行为准则，不断提升环保意识，以对油田、对社会高度负责的精神，做到作业施工与污染防治同步推进。

集团公司"百面红旗"单位作业102队干部员工合影

"绿化"地面。对于每一口井，他们在施工前，都要提前勘察现场，把可能采取的环保技术措施规划好，对于容易造成污染的工序，提前编制出具体的环保应急预案，制定详细的防污染措施。在施工中，处处留意，层层设防，通过配备防喷装置、污水回收装置，加装抽油机防污罩，筑建油管桥防污堤，铺设防渗塑料布，不让一滴污油污水落地，有效避免井场污染。在施工后，及时回收施工过程中排放的各种液体、固体废弃物和生活垃圾，及时清理井场，使施工前后一个样。走近作业102队施工现场，会看到一幅蓝天碧草、红旗飘扬、标牌鲜亮、井然有序的和谐画面；员工着装干净整洁，设备工具物见本色，大大的防渗布为井场铺上地毯，周围的绿树花草也被穿上"防油服"。这些都已经成为作业102人的一种习惯。2010年10月，在油田公司生态园里的施工中，厂家更换的100多根油管要进入井场。由于井场区域小，周围绿化面积大，大型机械动用困难，如果动用叉车，不但会碾压井场道路，还会破坏周围的植被。虽然大队已办好了占路占地手续，但为了避免损坏精心培养的花草树木，他们一致认为：宁肯把肩膀压肿，也不让周围的树木受到影响。于是，100多根油管硬是被一根根地扛进井场。

井下作业分公司荣获"黑龙江省绿色企业"称号

"绿化"地下。优质高效的施工质量，是提高油层产能、减少作业频次，实现保护油层、保护环境的最有效办法和根本保证。随着油田的不断开发，施工井的难度也不断加大。为了强化质量管理，不断提高施工效果，他们坚持苦练内功，加强质量技术培训，规范质量管理标准，持续培育"按工序不图简省时，求效益不减料削工"的质量理念，提高全员重质量出精品的责任意识。并结合生产实际和用户要求，对新工艺、新技术及时完善标准，认真落实大队"一井一审查""一井一交底"制度，做到施工工艺清楚、施工措施清晰。同时，强化服务意识，实行口井档案式跟踪管理，通过定期回访用户，对不同区块、不同井型、同一区块、同一井型的增产效果进行比对分析，找出影响压裂增产效果的因素，认真查找不足，促进施工质量的不断改进和提升，最大限度地降低地层油污、提高油层产能，从根本上实现保护环境，做到清洁生产、绿色施工。2010年3月，作业102队施工喇7-P261井，该井是采油六厂聚驱高产井，需要打捞丢手管柱。起原井过程中，封隔器失效，井底压力非常大，如果控制不好，很容易造成地面污染。如果用钻井液压井，虽然能够便于施工，但很有可能造成地下油层污染，使高产井变成低效井。因此，他们决定用水泥车、罐车循环洗井，每起10根左右循环一次。虽然这样做耽误了两天时间，也增加了工人的劳动强度，但看到压裂后产量达到了100多吨，他们觉得这样做值。

经过不断创新和实践，多个作业队伍与作业102队一起成长，先后多次获得了油田"清洁生产作业队""井控及绿色施工作业队"等荣誉称号。分公司一直用实际行动做到了安全生产无事故，环境保护无污染，获得了甲方的认可和同行的敬佩，实现了"清洁生产、绿色施工"的光荣目标，不仅积极投身油田持续稳产，更为建设绿色油田作出了应有的贡献。

着力打造"井下制造"

2000年10月，分公司重组后，机加产业拥有工具厂、机修厂、特车修理厂三个修理厂，固定资产接近7000万元，员工530多名。分公司按照发展规划，大幅进行产业结构的调整，致使机加产业市场需求发生显著变化，生存和发展面临危机。面对困难，分公司明确提出要实现机加产业的跨越发展，必须着力打造"井下制造"品牌。

着力打造"井下制造"品牌，就是要对机加产业进行改组、改造，充分利用现有技术和管理优势，通过实施文化品牌战略，建立自主研发体系，用自主知识产权提升机加产品的文化内涵和品牌价值，以迅速适应市场需求，增强品牌的实用价值，靠规范管理、优质服务和文明施工提升产业的整体创新能力，制造品牌产品，增强市场竞争力，创造良好效益，推动机加产业持续发展。

瞄准市场需求调整机加产业发展方向，打造井下制造品牌的战略基础。在大量调查研究和市场分析的基础上，分公司对机加产业的发展方向迅速、适时做出战略调整，提出了"三个转变、三个增长点、三个确保"的工作思路，即机加产业由修理型逐步向加工制造型转变，由保障生产需要向保护绿色油田转变，由依靠内部市场向开拓外部市场转变；积极培育机加维修、油田环保项目和汽车改装三个新的经济增长点；确保机加产业整体赢利、产业升级、队伍稳定。根据三个厂原有的优势项目和技术实力，重新进行业务界定，调整领导班子，实行专业化管理，充分发挥各自的特长，推行"内部模拟市场"机制和统一的管理模式，提升产业的整体管理水平。

研发拥有自主知识产权的机加产品，发展井下制造品牌的支撑技术。针对修井主业继续做大，修井工具大部分依靠外部提供的实际，他们提出了发挥原有优势，大力开发拥有自主知识产权的技术和产品，逐步改变现有的工具提供渠道，全力打造"井下制造"优势工具品牌，在保证内部需要的基础上向外部提供产品。本着"生产一代、储备一代、开发一代"的产品开发思路，大力开展科研攻关，进一步完善生产管理运行机制，构建专业化、流水线式的大规模生产方式，努力提高生产效率。三个厂一方面围绕现有下井工具进行深入剖析，在提高性能、改善结构上做改进技术，开发出几十种新型工具，组试下井工具；一方面大力开发研制修井工具，集中力量进行修井工具生产制造，开发了4大类62个新品种、120个不同规格的修井工具，并应用到生产当中，降低了分公司外购修井工具的费用。

井下作业分公司工具厂

拓展油田环保市场，建设绿色生态文化，提升井下制造品牌的文化含量。围绕油田可持续发展做文章，抓紧环保项目的配套，加强工艺技术攻关，形成规范化、系列化生产能力，使分公司成为公司环保项目研制中心。分公司开发了污油污水回收装置、井架测试装置、井口集水装置和洗井车等环保新项目，仅2002年就生产污油污水回收装置104套，创造产值1963万元。

通过打造井下制造品牌，进一步完善和丰富井下分层作业、分层改造工具，修井常用工具，钻井长用钻具及配套工具的品种、性能和质量，为高质量服务油田改造挖潜工作奠定坚实的基础。通过打造井下制造品牌，分公司机加产业实现了较好发展。在保证分公司内部需求的基础上，发展新用户，巩固老用户，仅2002年外部销售下井工具3056套件，实现销售收入406万元。2002年、2003年，分公司机加产业连续实现整体赢利，为企业的发展增添了动力。

驭难飞天　构建庆阳模式

从 2001 年起，分公司的 4 支钻井队转战长庆油田所属的庆阳、西峰、马岭、带岭、靖边等油区。他们发扬大庆精神铁人精神，凭借"知难不难、知难而进"的品质，历经 7 年，共钻井 332 口，进尺 61 万米，创产值 3.12 亿元。项目运行更是创造了集钻井、搬迁、安装和物资转运于一体、独立作战能力强、现场施工标准高、技术措施执行严、队伍团结协作好的"庆阳模式"。不仅为分公司创造了效益，还为长庆油田开发建设作出了重要贡献。

井下庆阳项目部工作人员进行施工方案研讨

在黄土高原施工，艰难无处不在、无时不在。队伍的生活用水多数取自当地农民窖藏的雨水和雪水，而当雨季生活用水供应不上时，员工就用防渗布接雨水洗脸、刷牙、做饭。生产用水在山沟下找到水源，靠泵压通过管线打到山顶，存储到清水池中。尽管这样，有时遇到渗漏井段，水还是供应不上，大家就不洗脸、不刷牙，用生活用水保开钻。

由于大山的阻隔，道路不便，信号始终不好，也给信息沟通和生产指挥带来巨大难题。他们规定了每天井队与项目部的定点联系时间，井队长跑到山顶上汇报生产情况。员工队伍承受着与家人不能及时联系沟通的巨大压力：20123钻井队党支部书记李宝辰得知父亲去世，只能朝着家乡的方向磕头表达哀痛；处在升学关键时期的子女们也难以得到足够的关爱。

2001年3月，20121和20514钻井队完成了长庆油田采油四厂区块的钻井任务后，从陕西省的靖边区块向甘肃省的庆阳区块长距离搬迁。途中遭遇该地区历史上最大的一场暴风雪，所有车辆在盘旋曲折的山路上寸步难行，52台搬家车辆散落在500多公里的搬家路线上。十几天的长途跋涉中，员工们吃光了随身携带的干粮后，只能到附近农民家里买10元钱一个的高价馒头吃，一名员工一顿只能吃到一个馒头，靠雪水解渴。在异常艰苦的环境中，干部员工没有一个叫苦，没有一个喊累，而是充分发扬艰苦奋斗的精神，连续奋战十几天没有脱工衣，终于闯出难关。

想要在外部市场站稳脚跟，就必须拥有适合当地施工特点的优势技术。2001年，分公司的钻井队来到长庆油田施工时，市场竞争极其激烈。实施钻井施工，在大庆，有关地层的一系列技术资料都详尽齐全；而在庆阳，他们所拥有的仅是一张标定了井位坐标的施工任务书，一份在井位坐标点300米半径范围内选择井场的权利。工程技术人员从接过任务书的那个时刻起，就要开始独立跋涉的进程。一个在地图上只有2公里距离的地点，要到达那里，需要翻越10几座大山，坐车就要4个多小时。

为了做好井位地质设计，地质工作人员按照开发方案的要求，坚持优化组合井场，多次勘察，选定井场，根据井深摸索着搞好设计，并反复与甲方沟通，在有限的范围内收集地质资料，并通过渠道与当地退休的工程技术人员取得联系，邀请他们做技术指导，为顺利、有效地施工奠定了基础。

开发外部市场，庆阳项目部把目光瞄准了效益，在整体盈利的目标引领下，积极实施"项目部领导干部激励考核承包责任制"，推行了材料口井基数配送制、钻头户籍交替管理制、石粉区块调配制等十几项成本控制制度，力争口井盈利、队队盈利。

市场风云变幻，竞争无比激烈。在 6 年的长庆油田钻井市场开发中，有 16 支外部钻井队相继离开长庆油田采油二厂区块，而大庆井下的钻井队非但没有离开市场，而且被长庆油田采油二厂请回来参与亿吨级油田西峰油田的开发。

井下作业分公司甘肃庆阳钻井施工现场

这主要得益于庆阳项目部发扬大庆精神铁人精神，依靠英勇顽强的作风和优质诚信的品牌形象，服从、服务于甲方的产能建设需要和整体部署，面对工期紧、压力大、协调难度大的任务不退缩、冲在前，面对施工风险高、技术含量高、环保要求高的工作不畏惧、冲在前，协调好甲乙方之间、与地方政府之间、与施工驻地群众之间、与竞争单位之间的关系，通过进一步融合营造良好氛围，促进队伍的和谐发展。

正是靠着顽强的拼搏、不断的探索和精心的施工，按照甲方预计建井周期26天的第一口井，仅用22天就顺利完井，为甲方在该试验区块的钻井和布井提供了极为关键的首批数据。大庆井下人，靠着精湛的技术和强大的凝聚力，创造了独具特色的"庆阳模式"，长庆油田采油二厂干部员工盛赞："大庆井下的队伍是最负责任、最可依赖、最讲信誉、技术最过硬的队伍！"

一切为了油田健康

作为油田公司唯一的一家集修井、压裂、特种作业等项目的施工和服务于一体的大型专业化施工队伍，井下作业分公司针对施工作业面积大、施工流动性强的特点，大力加强环境保护管理工作，自2000年起，提出了"一切为了油田健康"的环保理念，用实际行动促进分公司的可持续发展，为建设绿色油田作贡献。

"一切为了油田健康"环保理念的内涵是遵纪守法，提升全员环保意识；以人为本，施工作业与污染防治同步推进；以管理为手段，追求自然环境、社会环境、经济的和谐统一；以科技为先导，持续改进，节能降耗，实现可持续发展。

在环保理念的实施中，分公司加大宣贯力度，在"6·5"环境日宣传期间，制作了内容丰富的展板进行巡回展出；广泛收集资料，编写并印刷了环保小常识宣传页，下发到生产一线小队。这些普及性的环保知识通俗易懂，生动还原的环保生态警示录发人深思。在环保业务知识培训上，分公司采取"送出去、请进来"等多种形式进行培训，邀请了清华紫光咨询公司的专家来分公司讲课，同时还聚焦驻外职工，共举办业务培训班4次。

井下压裂一队利用生产间歇组织员工现场学习

　　ISO14001环境管理体系是规范企业环境管理行为,改善组织的环境表现和行为的管理体系,是企业走向国际市场的绿色通行证。分公司视其为长远发展的大事来抓,通过全员培训及骨干人员重点培训,加深对ISO14000标准产生的背景、ISO14001系列标准综述及对ISO14001标准条款的理解。按照环境因素识别过程进行了环境因素识别,汇总并填写了"环境因素一览表"。分公司共识别出一般环境因素379个。依据环境影响评分依据,分析评价出重要环境因素73个,根据重要环境因素制定了5个目标、指标环境管理方案,从而为分公司实施ISO14001环境管理体系打下了基础。自2001年9月1日起,组织编写环境管理手册、程序文件和三级文件。经过艰苦努力,2002年终于在油田公司首批通过了ISO14001环境管理体系认证。

取得了迈向国际市场通行证的井下作业分公司，更加注重加强现场管理，从源头上规范员工的污染控制行为，努力降低污染物排放。尽管施工作业中的环保治理工作非常繁重，工作标准也越来越高，但他们坚持从战略发展的角度对待环境治理，加大对污染的治理力度，努力降低污染物产生量；同时对于无法控制的外排污染物，再难也要彻底治理。在作业现场，要求应用污水进站装置防止污油污水落地，在不具备使用条件的现场，他们用接液车进行接液。2002年施工的临江区块，因其地处江边，环境比较敏感，为了保护环境，分公司对钻井废弃液采取了转运集中固化的方式，虽然要为此多花费数十万元的转运费，但为了避免二次占地和污染，他们认为这种付出值得。

井下作业分公司环保知识竞赛现场

治理现场污染，既要有装备力量又要有现代技术。针对作业现场和钻井现场这两个最大的污染源，他们在强化现场监督管理的同时，还配备了环保设施：投资468万元为井队配备了污油污水回收装置，投资650万元配备了13台接液车，投资2500多万元为钻修井队配备了21套钻井液循环净化装置，同时还投资490万元改造了14套钻井液循环净化装置。此外，他们还结合高科技成果，对施工中无法避免的污染采取有效的治理措施，力求把危害降到最低限度。

分公司充分发挥在油水井处理方面的技术优势，从工艺入手，开展环保科研攻关。如针对作业井施工较多的实际，申请设立了以环保为主题的局级科研课题——"油水井井下作业施工环境保护配套技术调研"。该项目对油水井施工作业过程中的污染进行了较为系统的分析和研究，对污染治理方法提出了理论依据，为分公司发展环保治理技术打下了良好的基础。分公司还从油田实际出发，研制了污油污水回收装置，通过作业队的现场试验，获得了成功并在油田公司大面积推广。分公司还正在研究开发JSQ5-A作业井口集水器、油田注水井洗井装置、JJCX井架检测及自动清洗系统等环保项目，为大庆油田的污染预防与治理提供有效的污染治理技术。

升深 2 井"战场"英雄凯旋

2004 年 9 月 1 日，安达市升平镇拥护 12 号屯南 1 公里处，随着最后一道工序——封窜的完成，气层成功封堵封窜，埋在大庆油田的一颗"重磅炸弹"被拆除了！

1996 年投产的升深 2 井是一口让人爱恨交织的深层气井。爱它，因它是大庆油田的一口王牌高产气井，使用 11 毫米油嘴生产时，日产气 33 万立方米；恨它，因它漏气，是一颗"重磅炸弹"，随时可能被引爆。

2004 年 4 月，采油八厂把升深 2 井作为第 106 次岗检中的重大安全隐患上报到油田公司，立即引起油田公司领导的高度重视，并责成井下作业分公司对其实施气层封堵封窜处理。

升深 2 井这颗"重磅炸弹"可以用"两高两大"来概括：产量高，处理不好将严重影响区块里更新井的投产；压力高，下井原材料、进口设备都要经受近 30 兆帕高压的严峻考验，犹如坐在火山口上；风险大，一旦井口失控，现场施工所有人员、设备和周边群众、环境将面临灾难性后果；难度大，这口井先天不足，井况复杂，实现压井、达到气层封堵封窜施工目的难上加难。

2004年，井下作业分公司修井107队施工的升深2气井点火泄压施工现场

　　说到底，对升深2井实施气层封堵封窜处理的重点落在了两个字——"安全"上。人民群众和企业员工的生命、国家财产、企业的发展，都依靠安全来保障。油田公司领导多次指示：把人民群众的生命安全放在第一位，一定在保证安全的前提下对升深2井进行施工。

　　责任重于泰山。临危受命的分公司多次召开专业会议，研究制订施工方案、应急救援预案以及培训、演练方案，同时邀请油田公司主管领导、开发部、质量安全环保部以及采油八厂等相关部门、单位，对升深2井联合"会诊"，缜密论证；与当地政府、龙南医院、消防支队、大庆驻军紧密联系，商讨对施工现场及作业区周边群众进行风险危害、逃生自救知识的宣传、救援和疏导工作；分公司专业人员先后3次前往气井施工经验丰富的四川石油管理局考察学习，征求有关专家对施工方案、应急救援预案的意见。

施工方案、应急救援预案历经了数十次修改后才确定下来，为升深2气井的顺利施工奠定了坚实基础。

5月，曾获原石油工业部金牌五连冠的修井一大队修井107队被挑选出来作为升深2井的施工队伍，他们以喇13-2736报废井为模拟演练现场，全力以赴进行为期两个月的专业应急预案培训和预案演练。

7月21日，油田公司对升深2井的模拟演练进行最后一次验收，各项应急、疏散、抢险、救援工作全部达到预期目标。

井下修井107队干部员工在升深2气井施工现场签订决心书

7月28日14时15分，万事俱备，东风来了，放喷点火降压！瞬时，40~50米高的火柱蹿向空中，百米内都能感觉到灼人的热度。开启放喷阀门时，井内压力顶得阀门发出很大的响声，每道阀门有两名员工守护，他们像守卫国门的战士一样坚守岗位，没有人后退。

随后，观察井口压力下降及恢复情况，为成功压井提供了科学依据。接着，井场实行24小时警戒，压井前井口压力下降到20兆帕，为压井提供了安全保障。

8月6日9时，压井管汇打开，两台压裂车用1.9相对密度的压井液开始压井。这是一道十分重要的工序，如果失败，后面所有的工序都无法进行。此时，地下的情况看不见、摸不着，如果井口或压井管线出现问题，高压压井液的威力比子弹还厉害，能穿透钢板。

现场指挥部根据施工压力变化，灵活变换压井方式，使施工压力始终保持在安全压力范围内。压井一次成功后，就到了整个施工中最危险的关口——卸井口、安装井控，相当于拆除重磅炸弹的引信。

现场所有人的心提到了嗓子眼儿上，因为一旦井口失控，犹如火山喷发，局面将难以控制。

当时，消防支队、龙南医院的35台消防车、救护车、警务巡逻车及120名消防官兵在井场周围整装待发。

升深 2 气井封井引发村民"避难"新闻报道

  按常规做到卸井口、装井控需要两个半小时以上，修井 107 队平时演练的成绩是 1 小时 40 分钟。现场总指挥对现场施工人员强调："你们两个小时内一定要干完。"

  最为惊心动魄的时刻开始了，队员们跟平时演练一样沉着冷静地施工，这份冷静来自对科学的设计方案的信心，来自对自己基本功的信任。他们的分工已经明确到谁卸哪道螺丝的细节上，整个卸井口、装井控的过程中，没有一道多余工序，没有一个多余动作，40 分钟就完成了拆卸井口及井控的安装，比平时演练足足缩短了一个小时。在万分危急的时刻，修井 107 队的员工迸发出惊人的能量，顽强地超越了自我，"重磅炸弹"的"引信"被成功拆除！

  2005 年中央电视台《讲述》栏目以《油田惊魂》为题，多次播放修井 107 队施工升深 2 气井的感人事迹。

打造"四个井下" 建设国际一流石油技术服务公司

2006年，是分公司发展至关重要的一年。在分公司二届二次职工代表大会上，提出要全力打造"平安井下""科技井下""发展井下""和谐井下"，把分公司建设成为具有较强竞争力的国际一流专业化石油技术服务公司。

2006年3月28日，井下作业分公司二届二次职工代表大会

夯实基础，强化执行，打造"平安井下"。树立全员安全价值观，积极营造持久安全的人文环境。进一步增强安全责任的严肃性，以有效的管理机制提高操作规程、规章

制度的执行力，实现生产安全；不断加快基础设施和文化设施建设，净化、绿化、美化矿区环境，积极搞好地企关系，全面加强社会治安和综合治理，实现矿区安定；稳步提高员工收入，积极改善一线生产生活条件，采取各种方式帮助解决员工在思想、工作和生活中的实际困难，实现员工安心。

刻苦攻关，挑战极限，打造"科技井下"。突出发挥科技第一生产力的地位和作用，立足于抓好高新技术产业化和支柱业务高科技化，增强各项业务的技术含量，实现业务结构的现代化。坚持博采众长，借脑引智，自主创新与引进技术相结合，进行消化吸收和再开发。追踪行业科技发展前沿，攻克技术瓶颈，占领技术制高点，做到人无我有、人有我精。到2010年底，40%以上的技术要达到国内领先水平。实现成熟技术的集成和配套，形成规模生产能力，切实提高科技成果转化能力，科技投入产出比达到1：3以上。加快信息技术的发展与应用，推进智能化生产管理，提高劳动生产率，提高经济效益。通过科技进步更好地助力油田稳产，服务于分公司发展，支撑起"科技井下"新天地。

整合资源，精细管理，打造"发展井下"。做精做强主营业务，全面推进核心业务产业化、服务队伍专业化、经营管理精细化，不断提高企业核心竞争能力，实现企业经济规模的整体提升和经济效益的显著提高。到 2010 年，分公司总体经济规模预计达到 40 亿元左右，到"十二五"结束，总体经济规模力争突破 50 亿。进一步开拓外部市场，持续提高海外市场的收入比例，努力实现对外服务收入翻两番。

井下作业分公司压裂车组行驶在油区公路上

稳定有序，统筹发展，打造"和谐井下"。坚持统揽全局，积极稳妥地处理好"十一五"期间改革、发展和稳定的关系，实现分公司长期持续和谐发展。坚持"多方互动，全面协调"的原则，依靠员工办企业，调动一切积极因素，激发企业活力和员工创造力，搭建良好的环境平台；坚持"公正公开，务实高效"的原则，进一步加强民主管理，民主监督，进一步加强各级领导班子和干部队伍作风建设，提供坚强有力保障；坚持"以人为本，共同推进"的原则，充分发挥企业文化、群众组织等职能作用，多方面、多渠道提高员工素质，不断增强企业的凝聚力和向心力，创造一个企业持续发展、员工安居乐业、人企和谐共进的新局面。

打造"四个井下"目标的确立，突出了发展重点，明确了前进方向，整合了管理资源，实现了平安、科技、发展、和谐的有机结合，构成了系统化、目标化的战略部署，极大地凝聚和调动了广大干部员工的思想和工作热情。生产施工保持高效运行。坚持"服务稳产，保障有力，科学运行，优质高效"，通过区块化统筹，集约化运行，科学化组织，修井修复率达85%；施工一次成功率达99.9%，有力保证了油田稳产任务的完成。科技增油效果稳步提升。坚持"老技术常用常新，新技术不断突破"，扎实推进"5831"工程，着力提升核心技术、瓶颈技术攻关能力，共取得科研成果41项，其中：水平井压裂技术获油田公司科技进步特等奖，疑难套管井修复配套技术获黑龙江省科技创新二等奖。经营管理水平不断升级。进一步深化管理"对标"，完善"零库存""代储代销"等措施，最大限度挖掘内部经营潜力。市场开发实现稳中有升。坚持"内求聚合，外求拓展"的开发方针，有效应对金融危机造成的不利影响，在巩固已有市场份额的基础上，新市场、新项目得到有效拓展。安全环保工作平稳运行。坚持"科学分析、超前预防、过程预控、奖惩结合"，将每个岗位纳入安全组织建设之中，把所有要害部位纳入监督控制之列，把一切违章行为纳入查处整改和考核评比之内，实现了对安全环保、施工质量的"全天候、全方位、全过程"防控，保持了安全稳定的发展局面。

奏响"和谐井下"最强音

2006年4月,一部打造"和谐井下"的交响乐,在分公司职代会上拉开序幕。于是,激发企业活力和员工创造力,增强企业的凝聚力和向心力,努力创造企业持续发展、员工安居乐业、人企和谐共进的新局面,成为分公司干部员工的共同追求。

打造"和谐井下",首要的是建设具有和谐思想的领导班子和干部队伍,构筑发挥和谐功能的体制和机制。

2007年,分公司领导、机关部室长和各大队正职领导的案头都多了一份《参考消息》,这是井下作业分公司党委给他们订阅的文化大餐。

为了让各单位主要领导从不同的视角看待企业,从不同的角度增加知识,《世界是平的》《大国崛起》等一系列书籍,成了处级以上干部的学习教材。

为培养管理人员的团队精神,分公司组织分公司领导、大队领导、机关部室和附属单位管理人员300余人参加拓展训练活动。

分公司还把目光投向国内优秀企业,组织领导干部到海尔集团、青岛双星集团、宝山钢铁公司、上海大众汽车公司等企业参观学习。

分公司建立了副科级以上干部与困难群体帮扶结对子制度。两年来，分公司副科级以上干部共为203名特困在职员工、离退休人员和有偿解除合同人员送去总价值10万元的慰问金、慰问品。

井下作业分公司组织员工开展拓展培训

分公司党委感到："建设'和谐井下'，更重要的是必须紧紧抓住建设'和谐班子'这个关键。"也正是从这一角度出发，井下作业分公司全力推进决策公开，定期召开办公会议和领导班子碰头会，研究所有需要决策的重大事项，使决策更加科学、民主。

2007年2月15日，对井田实业公司领导班子来讲是一个刻骨铭心的日子。因为，井田的"军功章"有井下人功劳：2006年度井田实业公司经营收入突破6亿元，夺得创业集团"四好班子"称号和安全金牌，职工收入至少增长了10%。

"当我们站在领奖台上品尝丰收喜悦的时候，最先让我们想起的是井下公司领导博大的政治胸怀和浓重的手足情意……"

这是井田实业公司每一名员工的心里话，也激起井下人对过去一起并肩走过的日子的联想。

作为技术服务单位，分公司的发展面临着艰难和挑战，但是他们始终不忘手足亲情。手足亲情消除了市场经济衍生的甲方、乙方关系的距离，共同发展的使命与责任谱写着和谐共进的乐章。

2007年，工作在蒙古国塔木察格区块的分公司30101钻井队的干部员工强烈地感受到生活的变化。自2006年3月20日踏上蒙古国国土的那一刻，所经受的吃水、就餐、洗澡等一系列难题，都在分公司的有序推进中得到有效解决。

分公司为开发蒙古国市场的各个队建立生活账户，每周列食谱计划，每月伙食计划由小队提出，大队负责采购，减少小队的精力消耗，配备了3台冷藏、保温车辆，用于回国购买和拉运新鲜蔬菜，同时还为员工配备了专门的生活服务人员。

从保障健康出发，成立了医疗队，配备了医生，保证头疼感冒以及小外伤可以及时得到医治；为每名员工配备了健康盒，有常用药品和外伤处置药品，仅此一项就增加支出上万元；针对员工疾病治疗情况，第一时间启动中、蒙两国边境"绿色通道"程序，保证在基地患病的员工4个小时就可抵达国内海拉尔区的相关医院。

大队建立了赴蒙人员家庭信息联系卡，遇到事情大队全力以赴帮助解决。

针对员工住在草原易患"草原综合征"这一情况，更改员工的作息时间，工作两个月就可以回国休息半个月。为了丰富员工的业余文化生活，分公司工会为每个小队购置了体育器械和用品，6月初经过口岸运抵施工驻地，使寂寞的草原生活如同在家一样温馨。

一段故事，一片丹心。坚韧不拔、百折不挠的井下人，正以百倍的热情，共谋和谐之策，共担和谐之责，共育和谐之果，为创建百年油田积蓄力量、累积财富、积淀文化。

砂液赋能　打通增油"快车道"

作为全国排名前列的石油技术服务公司，分公司的生产能力、工艺技术在国内同行业处于领先地位。要使分公司持续有效发展，必须把责任倾尽在工作过程中，让效果体现在工作业绩里。围绕"打造'四个井下'、创造发展优势、建设铁军队伍、服务百年油田"目标，分公司各级领导干部和广大员工自觉加压、奋勇拼搏，干着指令性计划，盯着指导性计划，完成了各项任务，实现了业绩指标。

综合配液厂主要负责各种压裂液、压井液的配制任务。压裂液是进行压裂作业施工中重要的工作液，其质量好坏关系到以液换油的增产效果，配制速度的快慢关系到能否保障压裂规模要求。"走，去抽查！"走进现场，开展检查是配液厂质量监督人员的工作常态。他们成立质量管理领导小组和质量监督小组，提出质量工作方向，为质量工作配备必要的资源保障。明确各级人员职责，及时进行质量评审，做出正确的质量决策，保证质量管理工作顺利开展。"如果不在质上斤斤计较，就难在量上绰绰有余。"原料到厂后，验收人员根据到货通知单、装箱单、质量证明书等逐项确认，对原料的外观进行检验。对液体添加剂逐桶进行取样，取出样品后要观察是否有难溶颗粒物及杂质，对于验证不合格的原料进行标识，材料组按照标识采取退货处理，大大减少了因液体添加剂中的水不溶物而影响压裂液的性能指标。针对老配制工艺配液速度低、质量差、易受腐蚀的问题，通过实行"加强质量监管与改进技术革新"并举的重要措施，使影响质量的各项因素得到有效控制。压裂液稳定性情况处于平稳趋势，保证了压裂液的配制质量，日配液施工能力得到较大提升，有效缓解了中区、南区井压裂施工的配液压力，牢牢掌握施工保产主动权。2012年，综合配液厂完成了由建议配液间、射流器、储液池组成的简易设备向优质配液、大容量增黏、快速搅拌的移动配液系统转变，年配液量达到50万立方米，配液速度达到2.5立方米每分钟。

综合配液厂配液四队"铁姑娘班"正在进行流程巡检

井下砂酸选配厂女工

砂酸选配厂主要承担着油田油水井压裂和酸化用支撑剂、酸剂的供应任务，是国内油田最大的石英砂生产发放厂家。通过践行"精选砂、精配酸，为压裂增油提供'强心剂'"这一核心理念，全厂干部员工充分认识到该厂的责任和使命就是服务压裂增油，目标和方向就是提供优质支撑剂和酸剂，动力和源泉就是助力分公司实现科学发展，进而增强全厂干部员工的责任感、使命感和荣誉感。针对石英砂厂家供货不平稳、存储能力不足的实际，多次派专人深入砂源地区实地调研。通过在内蒙古赤峰市等地寻找供货渠道，一举改变了以往依靠通辽一家供货的被动局面，稳定了石英砂市场价格，改善了石英砂供货整体质量。同时，为了合理运用有限的存储场地，在保证生产又不耽误支撑剂储存的同时，该厂精心组织生产，强化外围站点储备力度，将龙虎泡闲置储砂罐调运至朝阳沟，不但增强了外围站点储备能力，也减轻了厂里存储支撑剂的压力，保证了分公司压裂支撑剂的供应。

结合分公司压裂施工井任务，该厂以提升生产保障能力为目标，加强生产指挥系统调控力度，针对施工点多、面广、战线长的实际，由生产副厂长全面负责，保证各个时期工作量趋于平衡，保持队伍工作量趋于稳定，高质量完成生产保障任务。

草原筑梦　书写石油铁军传奇

2005年12月22日，大庆油田井下作业分公司作业队伍第一次走出国门，到达蒙古国塔木察格区块。面对肆虐的沙尘暴和酷暑蚊虫，井下铁军们此时只有一个目标：全力以赴，确保施工顺利完成。

初到茫茫万里草原没有外援，钻前、固井、搬家，井下全体赴蒙将士全都自己动手，昼夜不停连轴干，累了就在车上眯一会儿，终于在蒙古国海关闭关的前一天顺利完成了设备动员任务。而更严峻的考验是很多不适应、不信任，但他们没有丝毫退缩，凭借着顽强意志和作风，几轮井下来，他们就形成了一系列高效管理运作模式，得到了甲方的完全认可。

塔木察格的四季都有不一样的难。三月初的国内已经万物复苏，但草原上夜晚气温达 –40℃，土冻得用铁锹都挖不动，可想要进行施工，得保证发电机正常运转，水龙带、硬管线、高压罐等设施不上冻……每一项都非常艰难，每一步皆是挑战。井上寒风如刀割，每一次呼吸都好像在肺里结了一层霜，但将士的战斗力如同烈火燎原势不可挡，仅用10天就完成了两口井的施工任务，创造了当地冬季施工的新纪录。

铿锵足音

井下蒙古国塔木察格施工现场

极寒天气熬过去后风沙就来了。狂风裹挟着沙砾，逮着换班的功夫就把基地板房的门埋了大半截。设备物资边上堆的沙子将近一人高，就连配液罐底部的沙子都积了半米。大家一锹一锹挖，一桶一桶运，沙子迷了眼，揉一揉接着挖；进了嘴，呸呸几声继续干，凭着这股劲儿，把基地清理出来又仔仔细细进行例行检修，保障下一步施工顺畅进行。

而到了夏季，不具备通信条件的塔木察格降雨偏多，给生产组织带来相当大的不便。根据蒙古方规定，遇到下雨天，蒙古国员工不参与施工，我们井下铁军则根据国内安全规范继续顶雨作业。被雨水浸泡的草原路又滑又泞，重型施工车辆经常困在泥水中。这种时候只能靠现场人员一起上阵,把深陷的车轮挖出来,大家顾不得湿透的衣服、灌满水的工鞋,只想着一定要尽快把车救出来,尽快完成施工准备……

井下蒙古国塔木察格员工向家乡亲人问好

施工环境艰苦,生活环境同样艰难。因为交通不便,优质水供应量不足,新鲜蔬菜供应不及时,吃上鸡蛋、豆腐都困难。除了脚下青草,绿色的东西见都见不到。等剩的干菜也吃光了,就只能找甲方解决一点土豆和洋葱。

炊事班在现有的条件下变着样调剂,琢磨怎样让大家吃好。生日饭做碗面,里面加两个荷包蛋;若爱吃甜的,就做拔丝土豆。沙尘暴来的时候为了防尘,用纱布蒙上饭菜,并用胶带粘好。炊事班最难挨的是高温天气,温度达50℃,伙房里像蒸笼,热得让人喘不上气,忙着忙着就中暑了，只能用酒精从头搓到脚，缓过劲儿来接着干，就为了让辛苦一天的同伴们吃上可口饭。

在一望无际的草原上工作忙碌而又紧张，最好的思想政治工作是集体包饺子。遇到生产等停时间，全队干部员工围在一起包饺子，大家坐在一起唠一唠贴心话，吃一顿家乡味，疲惫就消散了大半。

2008年9月，井下作业分公司着手筹建集生产保障、住宿休息、文化娱乐于一体的新的生活驻地，规划了生产区、保障区、住宿区。为了建设自己的美丽驻地，员工们都是在井上干一天一宿，休息两三个小时，接着干驻地建设的活儿。作业工从没干过泥瓦工、供暖工，可在这里一人多职，不讲条件，在短短的两个月时间内就完成第一期施工，作业、试油队伍喜迁新居。

井下蒙古国塔木察格员工驻地

塔木察格作业队伍肩负光荣的责任、神圣的使命，在荒凉广袤的蒙古草原东征西战，顽强拼搏，夺油上产，赤诚奉献，塑造了以"开拓市场，锐意进取的创新精神；上下一心，同舟共济的团队精神；攻坚克难，敢打硬仗的拼搏精神；精细管理，规范运作的务实精神；顾全大局，团结一致的协作精神；兢兢业业，无怨无悔的奉献精神"为主要内容的"塔海精神"，铸就了顶天立地的"铁军"品牌，在分公司市场开发史上写下浓墨重彩的篇章，为塔木察格油田开发建设作出了不可磨灭的贡献。

展翅千岛　井下作业国际市场崛起

2005年5月6日，随着装载 zj-40 钻机的货轮离开天津港，井下作业分公司在印尼的钻井服务项目正式启动。这个为期一年的项目将为分公司带来570万美元的收益，标志着井下作业分公司真正进入国际市场。

早在2002年底，井下作业分公司印尼办事处成立之初，基于服务领域广、技术实力强的优势，分公司决定在钻井、修井、压裂以及酸化、堵水等服务领域全方位对接国际市场，针对印尼市场展开调研分析、人才队伍建设、设备配置等一系列筹备工作。

井下市场开发管理人员与印度尼西亚考察团进行学术交流

久有凌云志，今日终展翅。2005年4月，井下作业分公司拿到印尼钻井服务项目的合同，对于井下作业分公司而言，开拓国际市场的宏图刚刚展开。这是大庆油田公司第一支跟进中油国际工程公司走出国门的钻井队伍，在印度尼西亚萨拉瓦蒂岛上，他们凭借精湛的技术、精细的管理，让甲方监督用生硬的中文由衷地赞叹："中国，好！"然而，他们印象最深的，讲述最多的，还是"三个最"。

井下外部施工人员在印度尼西亚与外方施工人员合影

最荣耀的是异国他乡破纪录。从设备运抵港开始，井下作业人就开始频频破纪录，其他队伍卸船要用上近1个月，他们仅用了7天；甲方规定每个月钻机修理时限为24小时，他们创下了9小时的最高纪录；从萨拉瓦蒂岛搬家到其他岛屿施工，别的队伍需要半个月，他们只需6天时间。在钻机安装调试过程中，现场技术人员先从上千条国际标准中找到并整理出全部标准，然后将所有设备安装调试完毕，并一次性通过甲方验收，前前后后才用了1个月的时间，而在同等条件下，其他队伍需要近半年时间才能完成……井下作业人用大庆精神在萨拉瓦蒂岛上立起新标杆。

最开心的是与洋监督"斗法"。大庆井下作业人与甲方打交道最多的就是甲方监督。两位甲方监督是十分难缠的"倔老头"，动不动就板脸说"NO"。一次安装调试钻机时，加拿大"倔老头"态度很强硬地提出在两个立管之间安装阀门。这并不符合前期设计，在平台经理一次又一次地协商解释后，最终这个倔老头欣然接受："中国人不但聪明，还很有毅力。"后来在KABRA01井施工出现卡钻现象时，平台经理李保提出的解卡建议被采纳，保证了顺利解卡，维护了甲方"大利益"，在一次次"斗法"中用行动赢得了两位"倔老头"的钦佩。

最稀奇的是让"钩头"做专机。井下人最担心的是因备件短缺而停产。唯一的一次停产是因为钻机大钩的钩头坏了，印尼及附近的国家也没有同样型号的钩头，只能由国内通过快递公司托运到雅加达。清关时，印尼海关人员认定钩头是旧的，一扣就是5天。项目经理急得满嘴起火泡，他发动在印尼的所有关系，磨破了嘴皮子，海关终于放行。但是，钩头足有一吨重，怎么迅速运到现场又成了难题，最后花4万美元包了专机运到萨拉瓦蒂岛。

面对重重困难和挑战，井下人不等不靠，百折不挠，凭借过硬的技术、优质的服务和踏实的工作作风，在萨拉瓦蒂岛上创造了钻井设备"装卸速度第一、调试安装速度第一、设备包装完好率第一"的三个第一，赢得了甲方的认可和高度赞誉，让大庆井下品牌在"千岛之国"闪闪发亮。

晋城速度　打开发展蓝天

市场来源于智者的探索。随着井下作业分公司的发展壮大，井下人虽然身在油田，却把眼光投向更高、更远的大市场，明确了"内求聚合、外求拓展"的发展理念。早在"十五"期间，井下作业分公司就前瞻性地把煤层气市场纳入开发日程，聚焦这块宝贵的市场。

闯市场难不难？"难！但是再难也要闯，敢闯才有路。"

煤层气即瓦斯，人们视之为"猛虎"。它是煤矿事故的罪魁祸首，国内煤矿矿难70%~80%都是由瓦斯爆炸引起的。它的主要成分甲烷，是主要的温室气体之一，其对大气臭氧造成的破坏是二氧化碳的22倍。但是这只事故"猛虎"如果被驯服，将成为拉动经济发展的能源"蛟龙"。2006年，中国已经将煤层气开发列入了"十一五"能源发展规划，煤层气产业化发展迎来了利好的发展契机。目前，我国已探明煤层气储量36.81万亿立方米，相当于350万亿吨标油，其中山西省占三分之一，晋城市占山西省的三分之二。晋城煤业集团沁水蓝焰煤层气有限责任公司是国内从事煤层气开发起步最早的公司。

2006年11月25日，经过一个月的考察论证，井下作业分公司与沁水蓝焰煤层气有限责任公司签订首批200口井煤层气压裂合同。

12月，井下作业分公司成立山西煤层气项目部，与沁水蓝焰煤层气有限责任公司牵手。大庆的压裂队伍能不能"争气"，井下作业分公司能否抢占这块市场，一时被人们密切关注。

但是，大庆井下作业人开拓市场的决心是坚定的，他们抓住稍纵即逝的机遇，以超常规的速度抢滩登陆。仅仅用了不到4个月的时间就实现一个新项目市场开发的全面跨越，这在大庆油田还是第一次。油田公司认为，这是井下作业分公司的"晋城速度"。在如此短的时间内走得如此漂亮，在压力和困难面前，井下铁军彰显了企业的责任心和石油人的本色。

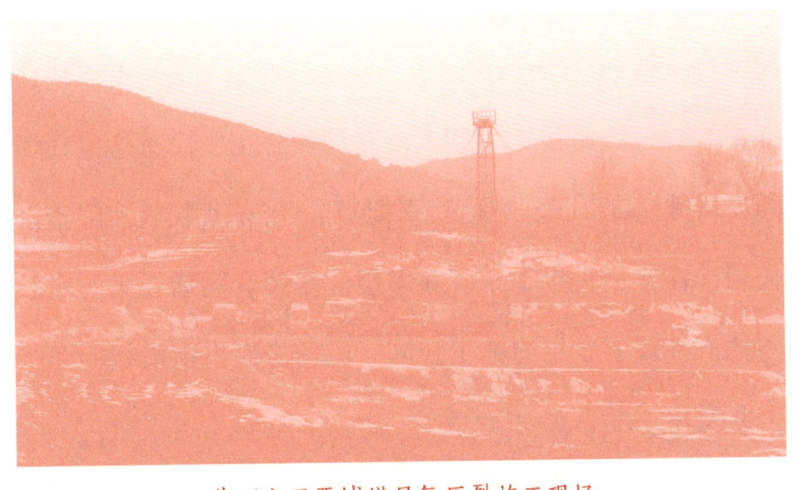

井下山西晋城煤层气压裂施工现场

井下人正是凭着开拓市场的激情，发扬大庆精神铁人精神，"没有条件创造条件也要上"，在山西晋城市场写下了如此辉煌的一笔。2007年3月初，井下作业分公司的设备从大庆运到了晋城，但这么庞大的设备如何从火车上卸下来却成了难题。项目部联系了4个火车站，都因为站台比火车车厢低，怕设备把站台损坏而无法卸车。最后，他们联系制作了十块铁板，把站台用铁板铺好，再垫上沙袋，盖上铁板，使车厢与站台"接轨"。在被困5天之后，设备终于"走"下了火车，"走"进了井场。

随后，他们只用了两个月就完成了煤层气压裂作业项目部队伍的组建、设备的调试运转和生活基地建设，达到了开工水平，比以往的施工前期准备缩短了4个月。在提升煤层气压裂作业的施工速度中，别的压裂队伍43天压裂了35层，而他们17天时间压裂了39层，创造了日压裂3层、月压裂71层的最高纪录，在山西叫响了大庆井下快速立项签约、快速技术转型、快速作业施工、快速适应环境的"晋城速度"。这一速度深深感染了蓝焰煤层气有限责任公司，在签订首批200口井煤层气压裂合同后，又一次性与他们签订了3年的施工合同，市场份额也由最初的20%上升到50%。

在山西煤层气市场，井下铁军收获最多的不是"晋城速度"，也不是甲方的高度认可，而是在短时间内通过实践摸索、自主创新，迅速掌握了煤层气钻井、射孔、压裂和开采等一整套开发技术，为未来大规模进入煤层气市场进行集团作战奠定了坚实基础。

这就是大庆石油人，这就是大庆精神，这就是大庆速度！面对市场的波澜，面对发展的呼唤，面对历史赋予的使命，井下作业分公司以"晋城速度"强势出击，拓展又一片蓝天。

破茧再塑　勇踏专业化新征途

分公司钻井业务是 2000 年由原修井分公司成建制、成规模重组合并而来，八年的改革发展期间，钻井业务板块经历了深度整合与优化，钻机数量增加 10 部，年钻井生产能力增加 500 口，经济规模提高 4 亿元，圆满完成了当初油田设定的加快技术服务单位专业化重组步伐"合二为一"的既定任务。

随着时代的快速发展，石油行业面临更专业化、更精细化分工的迫切需求，市场竞争也愈发激烈。

油田公司"功勋集体"、先进党组织 15120 钻井队

为更好地发挥整体优势、提升竞争力，2008年，根据集团公司关于发挥整体优势，加快改革步伐，进一步促进专业化重组整合工作的总体要求及2月28日油田公司干部大会精神，分公司按照上级要求开始对钻井队伍进行整体分离整合工作。

井下作业分公司赴印度尼西亚施工钻井设备启运仪式

业务剥离意味着要割舍掉曾经熟悉且投入大量资源的部分，这如同从身体上割去一块肉，疼痛是必然的。同时，业务剥离意味着要重新调整组织结构，重新分配资源，这一过程充满了复杂性和困难，生存和发展也会面临严峻的挑战。本着讲大局、讲改革、讲和谐、促发展的原则，分公司积极顺应油田发展的时代大局，细谋划，深推动，通过三个阶段分步实施，在抓好当前生产工作的同时，确保分离业务顺利衔接和后续各项工作有效开展。

调查摸底阶段。全面细致地对与分离有关单位的人员、资产设备、相关业务等多个维度的情况进行调查摸底。组织人事部、设备管理部、房产维修办、物资中心、财务资产部等11个部门认真梳理各类信息，准备好翔实的各种报表、台账和统计资料，为后续的交接工作提前做好充分准备，确保交接过程清晰、准确、有序。

交接验收阶段。按照油田公司的统一安排和要求，在上级部门的全程参与及监督下，积极与钻探工程公司进行人员、资产设备及相关情况的交接工作。双方保持密切沟通与协作，对照前期准备的资料，逐一核对确认，确保交接内容无遗漏、无差错，保障分离整合工作按计划推进。

内部整合阶段。在钻井队伍分离整合过程中，抓住关键时机，适时对分公司内部的劳动组织结构、人员结构、资源配置、经营管理等重要方面情况及时进行整合优化。通过合理调整岗位设置、重新分配资源、完善管理制度等举措，使分公司内部运营能够快速适应新的业务格局，保障整体业务的持续稳定发展。

2008年3月25日，按照油田重组整合安排，分公司钻井业务整体与分公司分离。此次变动中钻井大队、修井二大队、生产准备二大队、运输大队整建制划归钻探工程公司，塔海技术服务大队 7 个钻井小队划归钻探工程公司，机关部室及工程地质技术大队部分人员划归钻探工程公司，特种管生产维修大队的特种车辆划归钻探工程公司。

至此，分公司主营业务逐步迈向"高、精、专"的新征程，成为主要从事油水气井大修、压裂、特种工艺作业等生产施工的专业化技术服务公司。

"5831"工程发力　护航油田持续稳产

2008年5月,围绕油田4000万吨持续稳产,分公司按照"立足当前、着眼长远、整体优化、突出重点"的思路,遵循"以产量指标带动科技进步,以科技进步促进原油稳产"的原则,从配套完善技术、重点攻关技术和探索储备技术3个层次进行总体设计,制定了"5831"工程。即通过对主体技术领域科技攻关,实现在长垣水驱老井压裂初期日增油5吨,聚驱老井压裂初期日增油8吨,外围老井压裂初期日增油3吨,修井领域年修复套损井1000口以上。为了确保"5831"目标实现,井下作业分公司技术系统干部员工集思广益,制定措施,强力攻关。

以思想解放为着力点,强化目标责任,推进理念创新。从解放思想,理念创新入手,不断强化目标责任,通过组织全体干部员工系统全面地学习分公司"5831"工程实施方案,召开座谈讨论会等,教育引导科技人员,树立"新会战新贡献"的理念,思想向4000万吨持续稳产凝聚;树立"以技术换资源"的理念,思路向科技增油转变;树立"攻难点克难关"的理念,思维向技术瓶颈挑战,引导科技人员解放思想,迎接挑战。

井下作业分公司重奖科技人员

以科技增油为着力点，创新攻关模式，提升技术实力。围绕增油目标，创新科研攻关模式，组建优势团队。组织召开了学术技术带头人专题会，论证"5831"工程长远规划，确定"九个主攻方向""六项基础研究"。针对"5831"攻关目标，整合技术资源，以学术带头人和技术骨干为主，成立了长垣老区水驱挖潜、聚驱挖潜、外围老井挖潜、套损井修复、长关井综合治理5个攻关队。明确了"充分发展常规技术，加快攻克瓶颈技术，超前研究前瞻技术"的攻关思路。在人员的选择上，通过个人报名、严格考评、组织考核、公开竞聘的程序，优选技术骨干，组建优势团队。在具体工作中，坚持周分析、月总结制度，及时发现问题，完善攻关措施。各攻关队技术人员，落实攻关职责，确定攻关目标，围绕现有应用技术归类甄别，为"5831"调准针对性；推广技术进一步完善，为"5831"增大应用范围；创新攻关力度，为"5831"提供技术支持；部署超前调研课题，为"5831"提升发展空间，做到"老技术常用常新，新技术不断突破"。从2008年到2017年分三个阶段，形成了由24项集成配套技术、15项成熟推广技术、35项创新研发技术、15项瓶颈攻关技术为内容的技术攻关总体方案，为保障原油4000万吨持续稳产，实现"5831"工程提供坚实的技术支撑。

井下作业分公司首届员工技术运动会

以激发潜能为着力点，优化激励机制，搭建创业平台。以竞争为手段，实行项目开题立项招投标制。为了确保立项的质量和广大技术人员积极性，在科研课题项目开题立项上引入竞争机制，做到不比资历比能力，不比职务比项目，不比待遇比贡献，对所有科研项目进行公开招标，建立了立项投标工作机构，坚持公开、公正、平等、竞争择优的原则。按照立项方案，实施步骤、价值评估的程序组织专业人员进行综合评分，确保整个立项投标工作顺利开展。以责任为纽带，实行项目经理负责制。为了使广大技术人员在科研工作中敢于创新，勇于负责，实行项目经理负责制。赋予项目经理一定的权利和责任，明确项目需要实现的基本目标，将个人利益与项目效益挂钩，将科研项目技术经济指标、研究周期、科研经费承包给项目经理，项目经理行使项目组员聘任权和成果奖金分配权，增强了科技人员的责任意识，提高了项目质量。以考核为手段，建立项目分级定员月薪补贴制。为不断调动广大科技人员的工作积极性，制定了《科技项目分类管理办法》，建立了分类管理原则、分类标准及程序，明确了科技项目补贴考核发放标准。大队科技工作领导小组每月按照项目完成计划进行考核，实行月考核、季发放。科技人员按项目重要程度拿补贴，按每人在项目中承担责任大小取报酬，激发和调动了广大科技人员科研攻关的积极性和创造性，提高了项目攻关的进度和质量。

分公司技术系统干部员工经过刻苦攻关，当年"5831"工程目标全部实现，水驱老井压裂初期日增油5.4吨，聚驱老井压裂初期日增油8.3吨，外围老井压裂初期日增油3.3吨，累计增油131.61万吨，油水井大修1056口，累计恢复产油20.15万吨，为油田持续稳产提供了强力技术保障。

以爱为笔　绘就登峰广场和谐画卷

对于一个城市而言，广场是城市文化和品位的象征。对于在登峰地区工作生活的员工和居民来说，广场则是关爱与和谐的见证，爱也深深，和也悦悦。

登峰广场，正如矗立于中央区的"日月同辉"灯塔一样，把油田公司对基层员工群众的关爱，传递到每一个在这里工作生活的人心上，诉说着关于爱与和谐的故事。

登峰地区是分公司的老工业基地，共有特种工艺作业大队、生产准备一大队等7个大队级单位，2000多名员工工作在这里。与工业区相生相伴的登峰小区于1979年11月建成并投入使用，生活着1296户居民。

2007年，兴建的登峰广场

在20世纪90年代初，这里曾繁盛一时。随着井下作业分公司机关、部分基层单位及中学的陆续迁出，这里逐渐沉寂、衰落，年轻的住户都搬到繁华的龙南地区居住，居民多以井下作业分公司和井田实业公司的离退休职工为主。

特别是紧邻中三路的公园，由于年久失修也成了弃园：亭台破旧，杂草丛生，池水恶臭，无人涉足。这里没有休闲娱乐的场地，老人们只能在配套设施不甚完善的小区里遛弯。如果能绕着井下工人俱乐部转上两圈，就该算是潇洒走一回了。

这里似乎成了被遗忘的角落，与市区的繁华、热闹形成了鲜明的对比，员工居民强烈地渴望工作生活环境能够得到改善。

事实上，这里并没有被遗忘，井下作业分公司积极向油田公司反映情况，争取对登峰地区进行投资改造，油田公司领导的心里也始终惦记着登峰地区的环境改善。

在油田公司、井下作业分公司的关怀和主导下，登峰地区改造项目开工了。沉寂多年的登峰地区顿时热闹起来，5家施工队伍进驻施工现场。在约15万平方米的场地上，建设单位、施工单位、监理单位共同演奏一曲和谐的交响乐，没有一个不和谐的音符，没有一个乐章走调，更没有出现任何"扯皮"现象。

兄弟同心，其利断金。正是所有参战单位的无私奉献和通力配合，登峰广场一期工程在建设者手中一天一个变化，变得愈加清晰、可人。同年12月，登峰广场一期工程竣工。

2007年，油田公司追加投资，着重对登峰广场的绿化和亮化进行完善。在绿树、青草、红花的映衬下，登峰广场愈加美丽迷人，成了登峰地区员工和居民的美丽家园。

作为区域性广场，登峰广场从设计之初就被定位在简单、实用、美观上，同时考虑与扩建改造后的中三路、周围的工业区、居民区相协调，它不能过于华丽、突兀，必须与周围环境有机地融为一体。这里的每一处景致，都经历了精打细算、精雕细刻的磨炼。每分钱都用在了刀刃上，于是就有了施工单位与厂家"砍价"差点起争执的故事。

这里处处散发着自然之美、人文之美、和谐之美。这里的亭台楼榭并不多，更多地突出绿化，绿化面积占了一半之多，各式花草树木高低错落、疏密有致。而在绿化中，尽可能植景观灌木、少种草，以达到降低投资、减少维护费用的目的。广场中央区矗立着高达28米，以下井工具"糖葫芦"封隔器为造型的"日月同辉"观景灯，雄伟壮观，挺拔有力。当夜幕降临，灯光泛起时，整个广场犹如日月同放光芒，一派辉煌景象，不禁令人神清气爽、心旷神怡。而高杆灯、庭院灯、路灯装饰在凉亭、石桌、木椅旁，与花草树木遥相呼应、相得益彰，将自然景观与人文景观有机地结合在一起。

关爱让登峰广场如此美丽，和谐让登峰地区的人们如此幸福。登峰家园住宅小区的建设与广场建设同步进行。伴随着登峰地区整体环境的改善，工作、生活在这里的员工和居民安居乐业，人心思稳、人心思上，创建百年油田的信心和干劲更足了。

2007年7月，大庆油田登峰广场落成庆典

2023年11月，分公司再次接到油田公司升级改造登峰广场的计划。为了把这个"老井下"的地标改造好，分公司成立项目管理团队，走访周边单位和居民，收集意见，优化方案，最终确定了满足职工健身、居民徒步、广场休闲、绿化美化需求的改造目标。面对夏季多雨和高温挑战，团队采取"早4晚4"工作制，动态调整施工安排，及时解决土层换填等突发问题，保障措施与施工同步进行，没耽误一天工期，圆满完成了登封广场的改造计划。

　　基建管理，做好了就是员工的温暖港湾，做强了就是企业建设的坚实后盾。企业的发展，不仅促进了生产、技术等长足进步，更让成长红利惠及广大员工。员工的幸福感和归属感倍增，数千人惟一心，以此图功，何功不克！

"四增"指引优势倍增

2010年,是井下作业分公司发展史上充满挑战、坚定前行的一年。这一年,分公司深入贯彻落实《大庆油田可持续发展纲要》,按照"四稳一传承"总体思路和"三个建设"奋斗目标的指引,突出"科技增油、管理增效、市场增收、党建增力"的工作主题,不断增强保障能力,提升可持续发展水平,打造了长足发展优势。

2010年,油田公司在三届二次职代会暨2010年工作会议上,明确了"四稳一传承"的总体思路及"三个建设"的奋斗目标,确定了"原油持续稳产、整体协调发展、构建和谐矿区"三大战略任务。这一高屋建瓴的决策,为分公司指明了前进方向,提供了宝贵机遇,同时更对加快发展、保障持续稳产提出了新的更高要求。

企业发展,不进则退。为抢抓机遇,分公司党委从发展的主因入手,从主要的方面着力,充分利用"良好外部环境、良好发展基础、良好发展前景"的三个有利条件,积极应对"科技增油使命更为艰巨、经营创效能力水平亟待提高、整体竞争能力需持续提升"的三大挑战,突出"科技增油、管理增效、市场增收、党建增力"四个主题,全力推动分公司跨越式发展。

　　举旗定向的意义，就是要统一思想、凝聚力量。如何能做对心往一处想、劲往一处使？分公司党委深度阐述了"科技增油、管理增效、市场增收、党建增力"四个主题的内涵。科技增油是实现跨越式发展的根本所在，开展科技创新，就是要紧抓稳产需要，紧贴市场需求，形成核心实力，用科技增油效果，体现措施增油主力军的作用和地位，为分公司赢得更广阔的市场空间。管理增效是实现扭亏增盈的有效手段，推进管理升级，就要求分公司坚持走内涵式发展之路，通过优化结构调整，完善管理创新机制，营造良好创新氛围，形成强大创新动力，使分公司快速走上健康、良性、协调发展轨道。市场增收是实现持续发展的必然途径，开拓国内外技术服务市场，就是要整合各种资源，塑造品牌形象，以整体优势抢占市场先机，提高市场占有率。党建增力是企业的政治优势，是前"三增"的重要支撑和有效保障，要加强党建思想政治工作，打造优势企业文化，建设一支英勇善战的铁军队伍，为实现跨越式发展凝心聚力、提升素质、增添动力。

　　突出四个主题，于分公司而言，既是适应油田发展新局面的大势所趋，也是分公司实现跨越式发展的必然之举。从内部讲，"十一五"以来，分公司不断推进"四个井下"

建设，各项工作取得了长足进步，各项事业取得了快速发展。但要看到，实现科技增油最大化，实现"建设国内一流、国际先进的专业化技术服务公司"的目标，还有大量工作要做，还有许多矛盾和问题需要解决，其中的重点还是体现在科技、管理、市场等方面。从外部看，石油竞争国际化发展的步伐不断加快，竞争加剧的趋势越来越明显。能否借助中国石油和油田公司"走出去"的部署搭船出海，对分公司今后的长远发展至关重要。尽管在国际市场上进行了广泛的参与和投入，但差距还是很大，各项标准还亟待提高。必须把主要精力集中在"高科技、低成本、市场化"三个方向上，不断增强实力、打造品牌，确保在国际市场上争取更大的份额。

井下作业分公司科技人员集中编写施工设计方案

方向既定，只待全力以赴。分公司上下把"科技增油、管理增效、市场增收、党建增力"四个主题作为一个有机的整体来推进，在四个主题提出的首年，就取得了可圈可点的好成绩。

科技增油，驱动发展新高度。按照油田"4331"工程的总体部署，以找油找气为目标，勘探保储量，获工业油流井比例达到53.1%；以增产增注为核心，开发保稳产，增加近1亿吨的可动用储量；以应急抢险为己任，生产保平安，重点解决勘探开发面临的主要矛盾和问题，全年实现当年增油152万吨，占油田总产量的3.8%，弥补油田老区产量自然递减率1.7个百分点，减缓油田综合含水上升0.14个百分点；实现增注991万立方米，有力保证了稳产需要。

管理增效，优化运营新水平。持续提高生产时效，平均单井周期分别缩短了0.3天和0.2天，全年油田内部修井、开发井压裂、勘探及油藏评价压裂、特种作业井口数均实现新的突破。加大节支挖潜力度，积极落实扭亏解困各项措施，坚持眼睛向内，做到能挖尽挖、能降尽降。稳步推进结构调整，转产3支作业队伍从事带压作业，筹备7支修井队伍开展国际化模拟试点，精简6支作业"双机"队。提高安全质量管理水平，连续第7年荣获油田公司"安全生产、文明生产金牌"单位、环境保护先进单位，连续第六年通过全国"用户满意单位"复评。

市场增收，拓展业务新天地。全力拓展鲁迈拉开发项目，修井项目中标12套设备中的7套，更坚定了参与国际竞争、开拓海外市场的信心。积极扩大煤层气市场规模，"鹤煤1井""鹤煤3井""和2井"的顺利施工，为下步勘探部署提供了有力依据。夯实市场开发工作基础，保证海外市场健康发展，全年国内外市场产值超额完成。

党建增力，凝聚团队新动能。坚持"三个倡导"，深入贯彻落实纲要精神，推进各项工作的有效落实。发挥"三个带动"，扎实开展"创先争优"活动，分公司荣获黑龙江省"五一劳动奖状"，两人获得集团公司劳动模范称号，一个集体和个人分别获得油田公司"功勋集体"和"功勋员工"称号。深化"三项教育"，全面加强队伍建设，在油田内部几次应急抢险、鸡西恒山煤矿透水事故救援中，得到了油田内外的高度赞誉。突出"三个重点"，确保队伍和谐稳定，积极开展送温暖工程，增强队伍的凝聚力和向心力。

"四增"新引擎，有力推动井下作业分公司乘风破浪，扬帆远航。

与时间赛跑　大庆精神再绽光芒

大庆，永远都是一面红旗。在国家和人民最需要的时候，始终都勇于承担责任，不负重托。在非常之时，大庆油田以超常之举与时间赛跑，胜利完成鸡西排水1井的抢险施工，彰显了国有企业的社会责任和油田员工的博爱情怀。

精选队伍，快速集结急出征。2010年8月2日上午10点，井下作业分公司接到紧急命令，要求立即赶赴鸡西恒山区煤矿抢险。公司迅速响应，指派修井二大队C12027队开赴参与抢险施工。

抢险人员知道山区地表层坚硬，特别准备了8种型号的钻头。可在技术组赶往鸡西的途中，他们接到命令，需

井下作业分公司抢险队伍快速向鸡西出发

要打更大的钻孔，可他们没有这样的钻头，公司立即向上级求援，最终找到了6只直径300毫米以上的钻头，为抢险施工提供了有力保障。

精选井位，超常钻进克难关。8月2日14点，分公司抢险指挥人员先行赶赴鸡西，在途中边走边了解情况，制定施工设计方案。深夜，技术组成员到达鸡西，第一时间进行现场勘察。他们发现当地技术人员指定的井位上方悬有11万伏特的高压电线，根本无法立放施工井架。抢险组技术组成员立即与抢险前线指挥部取得联系，并提出了新的井位方案。省里紧急抽调6名地质专家连夜赶往鸡西，新方案得到了专家的一致认可。确定井位后，在推土机、吊车的轰鸣中准备工作迅速展开。他们仅用2个小时就完成了平时需要5个小时才能完成组装的井架。8月4日13点正式开钻。

然而，更大的考验接踵而至。刚刚开钻至8米时，就发生了"憋跳"现象，坚硬的地层岩石使PDC钻头的6个保径齿全部被打碎；在钻进至35米处，钻井液排量由原来每分钟1.8立方米骤降至每分钟1立方米，井漏现象发生了；钻至井深171米时，再次发生了严重井漏，每分钟的漏失量达到了2立方米以上；钻至井深201米时，最严重的井漏发生了，钻井液完全不返排井口，此时钻头已经到达了地下采空区破碎带，采用常规堵漏办法很难处理。他们果断决定——打破"行业大忌"，强行钻进。在经历了3次严重漏失、3次更换钻头、4次强行钻进之后，抢险队终于在钻至211米处，地下水面上返并达到了排水深度需要。此时此刻，队员们已感觉不到千里急行的颠簸之苦，也顾不上70多个小时的工作带来的疲劳，相拥在了一起。

鸡西市政府调拨10辆消防车帮助运水堵漏

精诚协作，共铸大爱同心圆。在抢险施工期间，省安全局、煤炭局、大庆油田、龙煤集团、当地政府煤矿等多方救援力量，在731恒鑫源煤矿抢险前线指挥部的统一协调下，步调一致，精诚合作，共铸爱心。

黑龙江省安全局指派专人带车指路，80余台抢险指挥、物资运输和抢险车辆通行无阻。黑龙江省、鸡西市和恒山区三级政府官员多次到施工现场慰问并送来生活用品。在得知现场漏失严重，钻机缺水的消息后，立即调拨10辆消防车帮助运水堵漏。兴龙煤矿特地调配一个班组帮助抢险施工并搭建临时办公室。

鸡西市政府为井下抢险队伍赠送锦旗

分公司抢险队员们两天两夜没有休息，10多名队员患上了严重的感冒。但为了加快排水1井的施工速度，他们坚持带病工作。C12027队队长杨伟刚连续工作了3个昼夜，在疏导人群时，一位老大姐噙着泪对他说："我的弟弟就井里，让我在这吧。"杨队长恨不得用手一下把地层扒开，他对老大姐说："你的亲人就是我们的亲人，我们会尽最大的努力用最快的速度打通生命通道。"

一声"亲人"胜过千言万语，分公司的抢险队员用顽强赢得了时间，用大爱换来了真诚。矿区干部拉着施工员工的手说："从你们施工进度就能看出，你们是一支专业的，能够克服一切困难的队伍。我代表所有矿工感谢你们。"现场一位老人说："我以前也是一名矿工，你们仅用54个小时就打到设计井深，真让人佩服。"一名被困矿工家属感动得流着泪说："看到你们来我就觉得是我们的亲人来了，你们整日整夜地施工，谢谢你们，谢谢你们从那么远的地方赶来。"

恒山区政府为抢险队送来了锦旗："发扬铁人精神，倾力支援真情相助"。鸡西市政府为他们送来了锦旗："千里抢险心系矿工安全，大庆精神鸡西再放光芒"。

方 402 井：生死穿越

2010 年 12 月 18 日，一个再平常不过的日子。

这一天，远在距离分公司所在地 400 公里外的方正县乌鸦泡村，修 107 队完成了一场扣人心弦的"生死穿越"。

紧急受命，千里驰援。上午 10 时许，分公司接到通知，头台油田方 402 井井喷失控并严重起火，油田公司点名指派修 107 队立即展开应急抢险救援行动。

兵贵神速。填装物资、整理装备、转运设备，经过 3 个小时左右的努力，14 点整，抢险队伍、物资、设备全部到位，整体向目的地进发。为了尽快赶到现场，大家来不及吃饭，在车上以面包充饥。

方 402 井应急抢险施工现场

一路的消防车、救护车、警车，快要到达井场时，大家知道了井场形势不容乐观。

初临井场，考验严峻。几公里外，就能看见映红小半块天的井场大火。

离井场稍近一些，轰隆隆的火声就不住地传来，愈加让人感到形势之严峻。

凶猛的火势超出了现场消防力量的控制，没有成功将大火扑灭，现场指挥临时决定全体人员撤回通河县待命，等次日灭火成功后再组织抢险施工。

临危受命，当不辱使命，力挽狂澜。

方402井是头台油田的一口探井，在18日早上底层发生了气体窜层现象，随之18日开始漏气并起火，巨大的压力将大火直顶上30多米的半空，周边百姓的安全受到严重威胁。

井下修井107队蒋德山在方402井应急抢险现场

作为大庆油田的专业抢险队伍，修107队到达现场后，就立马跟现场指挥开始研究制定方案，经过迅速讨论，制定出试关105井口阀门和350井口主控阀门和带压更换采油树两整套方案，并决定根据实际情况随时进行调整。在整个设计、决策过程中，大家忙而不乱，有条不紊，从容不迫。

虽说修井铁军经历了封堵升深2井、制服徐深8—平1井等数次抢险大仗、硬仗，但每一次抢险都是全新的考验，不能有丝毫的懈怠和闪失。

全力强险，降服火龙。11点30分，重新集结的数十台消防车开始集中灭火，几条巨大的水柱同时冲向井口，肆虐燃烧的大火被扑灭了，队长蒋德山带着他的第一拨抢险队员进入了井场，由于井口阀门损坏过度，无论怎么努力，他们都无法成功关闭。

经过重新讨论，现场人员决定执行第二套方案，更换井口采油树，之后再进行关井。

12点40分，第二拨抢险队员身着防火服，佩戴正压式空气呼吸器，开始拆卸350型井口连接法兰，同时按照方案开始组装需要抢装的井口装置。

室外的气温至少达到-30℃左右，所有人都不禁抱紧了衣服，而八名身穿防火服的抢险队员仍必须在井口顶着消防车喷出的水流抢险，冰水顺着衣领流进脖子，寒冷可想而知。

由于350型井口内部的加重杆被气流顶在井口位置，如起吊速度过快，易造成加重杆飞出或碰撞产生火花。因此，在现场人员指挥下，采用缓慢起吊的方法，历时30分钟，至15点15分时原井井口拆卸成功。

忍痛抢装，成功抢险。15点30分，按制定方案，抢险队员开始抢装井口。抢险小组将2条棕绳、4条棉绳固定在预先组装好的井口装置上，由吊车将装置吊向井口。黄色的油气从侧面喷出，正对着抢险成员的面部，刺激性的液体刺进他们的眼睛，然而，忍着剧痛的抢险队员却坚决不能中途放弃。

由于压力过大，拉拽牵引绳的工作发生了问题，单凭修107队员工的力量已经无法准确放正采油树，眼看着又一次对正即将失败。非抢险队领导和干部也都冲进了井场，数十人一同拽起了牵引绳，大家仿佛都被这一瞬感动了。

16点40分，新井口装置安装就位，而此时的修107队员工，浑身上下全都被染成了黄色，双眼由于有害液体的污染全都红肿了起来。

然而，任务并不允许他们有丝毫休息的时间。17点30分，抢险小组开始抢装第一根法兰螺丝。因井口气流冲击力影响，抢险队员带压进行抢装井口法兰螺丝，安装难度非常大。18点25分，井口8颗法兰螺丝被全部安装完毕，但原井法兰是经过改进的型号，没有达到完全密封的目的。怎么办？经过紧急讨论，蒋德山把目光投向了一边的原井采油树："卸原井螺丝，重装！"

井下方402井应急抢险施工现场

随着最后一颗螺丝安装完毕，19点10分，失控近40小时的方402井被彻底制服，凛冽的现场终于恢复了平静。

在国家利益、人民利益面前，井下人冲得上，打得赢，敢于用生命坚守，践行着"爱国、创业、求实、奉献"的豪迈誓言，用实际行动诠释着什么叫忠诚、什么叫责任、什么叫奉献！

"工厂化"开启大规模压裂新篇章

垣平 1 井位于黑龙江省大庆市大同区境内，属于松辽盆地中央坳陷区大庆长垣葡萄花构造，是 2011 年油田公司确保原油 4000 万吨持续稳产的重点工程之一，为了高质高效完成本次压裂施工作业，分公司施工现场组建一个指挥中心，成立了压裂施工领导小组，每天由分公司领导带队，技术发展部的同志密切配合安全环保部、生产运行部、HSE 监察室、设备管理部、工程技术监督部等相关人员，和其他参加大型压裂操作员工、配液人员、技术服务人员、后勤保障人员等 140 余人一同奋战，为压裂施工的顺利实施提供了人员保障。

垣平 1 井是展示井下队伍精神面貌的大舞台，是升级管理的试验场，是技术交流研讨大课堂，是多学科多领域联合攻关的攻坚仗。从施工准备至压裂结束，共历时 16 天，井下作业分公司参战将士坚守岗位、任劳任怨，发挥连续作战精神；技术人员始终坚持在前线，服务在现场，解决实际生产难题，保障了该井各项新工艺试验任务安全顺利、高质高效完成。

井下压裂大队在精心组织大型压裂施工

2011年10月28日完成先导性试验压裂，并于2011年11月6日至11月10日完成了6段主体压裂施工，采用电缆复合桥塞分段，通过电缆射孔，套管注入方式完成每段施工，第一天完成2段施工，之后每天完成一段施工。垣平1井完成的阶段性压裂施工，共加入支撑剂1084立方米，压裂液10303立方米，实现了大庆油田压裂历史上施工规模最大、施工用液量最多以及施工排量最高的重大突破，圆满完成了油田公司"千方砂、万方液"压裂施工的宏伟目标。压裂设备配套，施工排量达到10立方米每分钟以上，施工压力70兆帕、需连续施工2小时以上，最高排量达到12.2立方米每分钟，设备能力得到了考验。

为实现水平井大规模"千方砂、万方液"的施工目标，井下作业分公司在压裂液配制上，有2套简易速配设备，单套配液速度可达到90立方米每小时，另外还设计了专用速配设备，速配设备配液速度为90立方米每小时，装置功能齐全，基液配液质量能完全满足施工要求；配液车混配速度不低于240立方米每小时。

在现场储液方面，分公司配制储液能力由以往的最大1500立方米提高到2500立方米，实现现场3000立方米每天施工配液能力。垣平1井根据实际情况，优选了26个容积50立方米的大罐及15台容积20立方米的液罐车，满足一次储液1600立方米的储液能力，这种双层的保温储液罐2010年获得公司技术革新奖特等奖。

在连续加砂装置配套方面，采用固定立式罐，每罐容积为28立方米，2组压裂车组，每组2个，配备了4个固定立式罐，总容积112立方米，现场用吊车向固定储罐倒砂，可满足180立方米的连续加砂施工，可解决砂罐车倒罐加砂耗时长的问题。

垣平1井施工用液量，平均每天用液达到1700立方米左右，现场配液就需配制1400立方米左右，综合配液厂为提高配液速度，通过优化设备配置保证配液质量，共动用两套配液撬、5个50立方米的水罐、2个50立方米的液体搅拌罐、2台发电机、1套变压器，针对2套简易配液装置配液速度较慢的问题，在施工后期对现有装置进行现场创新改造，增加2套射流器及相应泵组，使配液能力增加了100%，达到了180立方米每小时。另外针对现场水质不合格问题，根据现场情况，首先对清水进行暴氧净化，再用于配液。综合配液厂配液工人每天工作时间都在18个小时以上，通过合理搭配时间，既保证了水质质量，又不耽误压裂液的配制，实现了现场累计配液7100立方米，确保了压裂施工的顺利完成。

井下作业分公司大型压裂施工现场

垣平1井作为大庆油田改造水平段最长、施工规模最大、施工排量最高、各类新工艺组合最多的压裂井，其成功的改造挖潜，开创了大庆油田特大型压裂施工的成功先例，进一步提高了单缝加砂规模，单缝最高加砂规模达到

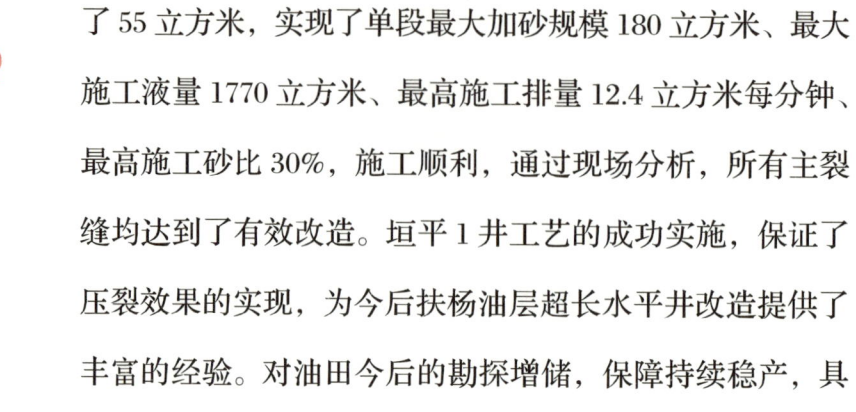

了55立方米，实现了单段最大加砂规模180立方米、最大施工液量1770立方米、最高施工排量12.4立方米每分钟、最高施工砂比30%，施工顺利，通过现场分析，所有主裂缝均达到了有效改造。垣平1井工艺的成功实施，保证了压裂效果的实现，为今后扶杨油层超长水平井改造提供了丰富的经验。对油田今后的勘探增储，保障持续稳产，具有重要的意义。

机关基层同奋进　共谋发展强管理

2006年，根据中央组织部、国务院国有资产监督管理委员会（简要国资委）党组的有关精神和集团公司的具体要求，油田公司党委开展"四好"领导班子建设工作。聚焦提升领导管理能力和加强思想政治建设，以促进企业改革发展稳定为着力点和落脚点，突出加强班子的思想建设、能力建设、制度建设和作风建设，努力将各级领导班子打造成堪当重任、团结进取、奋发有为的坚强领导集体，推进企业党的先进性建设，为实现创建百年油田宏伟目标提供坚强的组织保证。

大庆油田向来有"三个面向、五到现场""工人三班倒，班班见领导""员工身上多少泥，干部身上多少泥"等优良传统。新时期，如何更好地围绕保持原油持续稳产、实现油田永续辉煌开展党建思想政治工作。2006年分公司干部员工大会上，明确了指导思想、目标要求、考评办法、组织实施、保证措施等。提高机关服务基层的意识和能力上，组织机关人员下到一线小队和班组，穿上工作服，跟班劳动一天、参加一个班组会、住队一个晚上、吃上三顿饭，体验基层艰辛，掌握基层实情，为基层解决问题的同时，既熟悉了业务，又增进了与员工的感情。

分公司党委不断健全完善加强两级机关思想作风建设，切实增强"服务大局、服务基层"的能力。机关干部积极投入一线小队的工作与生活当中，体验一线艰苦环境，贴近一线员工、服务一线员工。为基层小队讲解分公司各项方针政策，并及时向分公司反馈基层的第一手信息。做到"三个第一"，即：第一时间发现问题、第一时间到问题现场、第一时间解决问题。

井下作业分公司党委理论中心组召开"机关作风建设"会议

分公司党委牢固树立"三种意识"，切实履行职能，做好服务工作。加强形势任务教育的有效途径。无论是在开展"解放思想、谋划发展"主题实践活动，还是在开展"珍惜荣誉，高举旗帜，开创未来"主题教育活动等重大形势任务教育中，跟班劳动都发挥了重要作用，实现了一个机关干部带动一个班组和一个小队，取得了良好的效果。

帮基层解决问题，找准症结到位。基层存在的问题虽然只是一个点但却牵动全局。机关干部跟班劳动，更重要的是结合各自业务，有针对性地开展调查研究，查找制约基层发展的瓶颈，发现基层存在的问题，及时制定措施解决问题。有一次，设备管理部的机关干部在作业一大队基层小队跟班劳动中，发现井上有一个设备经常出故障，他迅速组织相关技术人员进行分析研究。经过一番努力，他们找到了问题的症结所在，并制定了解决方案。在解决问题的过程中，还向基层员工传授了一些设备维护的知识，提高了基层小队员工解决问题的能力。

分公司党委抓住跟班劳动有利时机，号召机关人员"走基层、转作风、提能力"，引领基层提高执行力。分公司机关安全、质量、设备三个部门不断强化服务意识，以"三联卡"方式实施联合检查，在检查中坚持"一七二"工作法，即：一分检查、七分指导、两分总结。这种方式既减少了基层迎检频次，又提高了现场服务质量。

分公司党委以开展跟班劳动活动为契机，以强化机关指导、服务的管理职能为纽带，组织带领机关干部发扬"三个面向，五到现场"优良作风，深入基层一线，与基层员工密切交流。他们发现基层生产流程存在的问题和不足，运用专业知识和经验，帮助基层完善体系，理顺流程，夯实基础，明确各环节的职责和标准，使整个流程更加科学合理，推进基层工作上水平。

两级机关干部按照承包点制度要求，每月都深入到承包的基层小队。机关党委定期组织听取承包人汇报，系统研究分析基层管理的问题根源，研判明确是共性问题还是个性问题。对于共性问题，落实责任领导和部门，全面抓；对于个性问题，落实责任人，具体抓，确保各类问题的解决。同时，积极挖掘基层在管理方面的好做法、好经验，选树基层典型。

在跟班劳动过程中，机关人员发现基层各种报表、检查表及制度存在繁多且部分存在交叉的情况。发现这一问题后，分公司立即组织13个部室，以修井107队为试点，对其报表、制度等进行全面梳理，仔细甄别每一项内容。对符合实际需求的报表、制度予以保留；对于一些存在问题或与实际情况不符的部分，进行修订；对于已经失去作用、冗余的报表和制度，则果断废止；同时，为了更好地满足基层管理需求，还结合实际情况新建了一系列制度。经过整合优化，基层报表、制度从原来的68项减少至32项，极大地减少了基层队的重复工作，让基层管理更加科学、高效，为基层管理规范化奠定了坚实基础。

井下作业分公司党委组织新入党党员在铁人王进喜纪念馆
进行入党宣誓

从 2010 年开始，机关干部深入基层，对修井、作业、压裂业务的应急抢险、防喷演练、班组交接等基础工作，开展了 7 个专题调研，编印了压裂、修井、作业等 5 个标准化操作手册，制定了"三对、两交、一会、五步法"交接班标准，选树了修井 107 队应急抢险实战演练、作业 204 队防喷演习、作业 102 队交接班等三个标准化施工典型，经机关部门现场指导、反复演练，形成标准化操作模式后全面推广。

活动开展 5 年来，分公司机关干部 400 多人次到生产一线跟班劳动，覆盖了 70 个基层队，累计达到八万多个工时，不仅加深了机关干部对基层的了解、提高了业务、增长了才干，更感受到了基层员工的辛苦，拉近了机关与基层的感情，实实在在地为基层解决了实际问题，实现了机关对基层的零距离服务。

"七给七让"获殊荣

"三基"工作,是大庆油田的优良传统,更是分公司的生存之基、发展之本。分公司始终坚持"活细胞、强机体"的工作理念,把加强"三基"工作作为基础性、战略性的工程常抓不懈。2011年,按照基层建设达到"六好"标准工作要求,总结提出了"七给七让"的工作方法和工作目标,从基层建设着眼,从基础工作入手,从员工素质着力,全面推动基层建设再上新水平,促进了分公司持续健康有效发展。

给员工一个团结进取的领导班子,让员工心悦诚服。一个富有凝聚力且能让全体员工心悦诚服的领导班子,无疑是企业前行的核心动力。按照"四好"班子建设标准,牢固树立"'和谐班子'领跑'和谐井下'"的理念,在领导班子建设上提出了"三针干部"的总要求:做深入群众工作的"定海神针",能够在处理群众事务时沉着应对,为员工带来稳定感和信任感;做企业发展的"方向指针",能够为企业发展正确清晰地指明方向;做"诊病治病"的"中医银针",能够精准地找出问题,并有效地解决。同时进一步严格干部选拔使用,不断加强干部队伍的作风建设,提升干部的执行力和引领力。采取个人申报、基层推荐、组织考核、公开竞聘的形式，选拔使用干部。坚持机关工作人员深入基层跟班劳动，有效地解决一线工作中存在的实际问题。

给员工一个朝气蓬勃的党组织，让员工在政治上不断成熟。先后开展各项主题教育活动，使全体党员干部员工达成了"承载使命，以履行责任为先；谋划未来，以解放思想为要；振奋精神，以调整状态为重"的思想共识。并针对井下行业特点，确定了"作风顽强、技艺精湛、服务优良、堪当重任"的铁军建设标准，号召全体员工以铁的纪律、铁的作风、铁的技术、铁的追求、铁的意志，践行"铁肩担大任、铁心保稳产、铁志做贡献"的铁军誓言。

给员工一套严格规范的制度标准，让员工自觉按照规程规范操作。在制度建设上，分公司按照方便基层，有利基层的原则，以保留、修订、废止、新建等四种方式，建立完善分公司层面经营管理制度69项，大队级管理制度452项，基层小队管理制度120项，覆盖到分公司生产经营各个层面。通过定期培训，让员工深刻理解并自觉地遵循操作规范要求，确保每一项制度都落到实处。

给员工一个学习成长的平台，让员工不断提升能力、岗位成才。干部选拔坚持重学历、更重能力，重能力、更重责任,重责任、更重品行,通过邀请国内知名管理学专家教授讲学,打造干部的"五种能力",教育引导干部"站在高处看、静下心来想、煞下身来干"。对于科技人才,敢于给机会、压担子,充分调动他们的积极性,建立了"导师制"人才培养机制和激励机制,促进青年科技人员成长成才。对于一线技能操作人员,以岗位练兵、特色班组、导师带徒和"三比三争"活动为载体,激励员工学知识、学技术、钻业务,促进岗位成才。

2012年,压裂大队压裂之星技能大赛开幕式

给员工一个比学赶帮的目标,让员工自动自发地工作。先后培养选树了基层队长典型、科技人员典型、市场开发典型和安全驾驶典型等,多人次荣获"全国职工职业道德

建设十大标兵""五一劳动奖章"、省部级劳动模范、黑龙江省"五一劳动奖章"。这些先进典型在队伍建设中发挥了很好的示范引领作用，激发了员工自发的比、学、赶、帮、超热情。

2012年，井下作业分公司后备专业技术人才培训班

给员工一个公平民主的机制，让员工积极主动地参加民主管理。分公司深入推行《厂务公开制度》，及时公开涉及企业重大决策、员工切身利益、领导班子建设和党风廉政建设等与企业改革发展稳定密切相关的问题，充分调动广大员工支持和参与企业改革发展的积极性。认真落实职工代表大会制度，抓好职代会提案办理落实工作。建立完善职工代表民主联系人制度，畅通民主管理渠道，在分公司、大队、小队层层建立职工代表民主联系人，定期召开民主联系人会议，听取基层员工意见，调动全体员工自觉参与民主管理的积极性。

给员工一个温馨和谐的氛围，让员工在单位如置身于家般工作。坚持"人文关怀在基层、文体活动在基层、生活改善在基层、硬件建设在基层"的工作理念，通过加强软硬件建设和人文关怀，创造温馨和谐的氛围，使干部与员工之间，冷暖相知，和谐共进，真正让员工体会到家一样的感觉、感受到家一样的快乐、享受到家一样的尊崇。针对特困员工群体，分公司副科级以上干部与特困员工结成帮扶对子，定期走访，每年自掏腰包10多万元，解决他们的实际困难，收到感谢信30多封。为海外施工人员建立机关人员与外部市场家庭联络机制，解决海外市场员工家庭生活急需，消除了海外员工的后顾之忧，使他们切实体会到了组织的关怀和温暖，更加支持分公司的改革与发展。

"七给七让"工作法在全面夯实了"三基"工作的同时，也让员工满意度也得到了显著提升，极大地增强了企业凝聚力，为分公司跨越式发展提供了坚实基础和强大动力。

坚持做到"三句话"：压裂铁军开拓市场的制胜法宝

井下历来都是油田开发的排头兵和主力军，在油田发展中发挥着不可替代的地位和作用。几代井下人爱岗敬业、无私奉献、艰苦奋斗，顶风冒雪战严寒，风雨无误保生产，使井下始终能够乘风破浪、昂首前行，一步步发展到今天。在几十年的发展历程中，越是在艰难困苦的时候，越能体现出井下队伍艰苦奋斗的优良作风；越是在发展的关键时期，越能体现出井下队伍无私奉献的精神风貌。这种艰苦奋斗的铁军作风，在压裂大队外闯市场的过程中体现得淋漓尽致。

井下川渝大型压裂施工现场

"吃别人吃不了的苦"，过硬作风叩开市场大门。压裂大队 1998 年起开始从事外部市场开发。在外部市场开发初期，大队党委引导干部员工继承"三老四严"的优良传统，"排除万难、百折不挠、勇往直前"迈出了开拓市场的第一步。排除万难不放弃。压裂的外部市场山高、路陡、让许多员工望而生畏，大队利用差别激励、沟通帮扶等形式，掌握员工想法，为员工排除后顾之忧，使员工在艰难险阻中，能够全力以赴投身到工作之中。百折不挠谋发展。在市场开发初期，许多合作者不认可他们，在吉林，先后走访了 36 个合作伙伴，累计行程达 27000 多公里。在山西，施工车辆必须经过一个 4.2 米高的涵洞，而压裂车根本不能通行，100 多号人愣是用大半天时间将 30 多米长的涵洞，向下挖了 30 厘米，也为开拓市场铺平了道路。坚持不懈得胜利。2009 年由于经济危机，外部市场工作困难重重，工作量迅速萎缩，但压裂人勇往直前，在山西晋城煤层气开发的同时，积极跟进其他地区的煤层气压裂项目，在 2011 年，再次和山西沁水重新签订了两年的工作量。

"能够达别人达不到的效果"，先进技术抢占市场高地。开发市场难，占领市场更难，树立"技术要好，能够达别人达不到的效果"的市场占领观，并从"苦练内功、创新实践、提升质量"入手，全面提高自身的服务水平。苦练内功提素质。压裂大队坚持"人才为市场开发提供动力，市场开发为人才成长打造平台"的原则。2011年4人通过了托福考试，8名大学生可以用英语、阿拉伯语等直接对话交流，为市场开发提供了人才和技术支撑。2007年，他们首次从事煤层气压裂施工，短期内就找到了适应煤层气压裂施工的设计方法，实现了清水压裂技术高砂比的新突破，打破了大庆油田清水压裂砂比最高不能超过10%的惯例，把煤层气压裂砂比提高到18%，过硬技术再次让压裂人在市场占有上获得了胜利。科学实践求创新。在山西，他们通过"支撑剂段塞前置液预处理"技术创新以及现场综合控制方法创新，压后产能提升22%；单层节水160立方米，缩短排采周期1~2个月；通过研发"下返分层压裂工艺"，对老井实现下返测试，分层排采，赢得80口井的工作量。通过创新工艺流程，改进压裂井口，制定适合清水携砂压裂的液力柔性耐磨管线，施工能力可持续30层，保证了施工质量。提升质量塑精品。在陕北开发初期，向延长油矿推荐限流法压裂施工的川平一井，日产油18吨，获得延长油矿一等奖。在刺387-3井压裂后日产原油20吨。在山西，他们历时一个月，单套设备完成压裂36层，优质率100%，打破了中原压裂队在这里保持3年的最高纪录。

"能够产生别人产生不了的效应",优质口碑再拓市场版图。在多年的市场开发中,他们靠"顺势而为、换位思考、亲情融合"的文化推动作用,与用户单位建立了真挚的合作伙伴关系。顺势而为,赢得信誉。在蒙古开发初期,为了适应当地施工三条线的硬性要求,技术人员数次往返于大庆和蒙古之间,最终满足了甲方的要求。换位思考,用户至上。2009年中秋,华北压裂队设备发生故障,甲方临时通知他们去施工,等回到驻地已是凌晨3点多。他们这种"换位思考,为甲方利益着想"的良好服务态度,赢得了甲方的充分信任和赞许。亲情融合,树立形象。闯市场需要勇气和意志,占领市场需要技术和质量,而不断拓展市场则需要品牌效应及品牌背后的情感驱动。他们在生活上尊重当地的风俗习惯,施工时注意保护当地环境,活动时不忘增进双方友谊。

井下作业分公司大型压裂施工现场

多年的市场开发，压裂大队的队伍作风能力得到了提升，市场创收能力明显提高，仅煤层气市场，2007年至2012年就累计完成压裂施工1046口，实现产值32585万元，上缴利润5762万元，超出了外部市场9.29%的利润上缴指标，创造了可观的经济效益，塑造了井下压裂铁军的良好形象。

小小民主联系人　搭建民主大舞台

2010年，为深入推进企业民主管理，分公司推出一项重要举措——建立经理民主联系人制度，旨在针对分公司在深化改革、生产经营、劳动安全、生活福利等方面的重大问题和决策，积极征求员工意见和建议，倾听员工最真实的声音，积极动员广大员工为分公司发展献计献策，架设一座决策层与员工间深入交流、真诚沟通的桥梁，并通过积极落实经理民主联系人议案，解决了基层员工反映突出的问题和困难，进一步凝聚了队伍士气。

分公司三届四次职代会上指出："要尊重员工的主体地位，切实加强企业民主管理，推进民主联系人制度，发挥好职工代表的作用，引导员工积极为企业发展献计献策。要切实发挥员工群众聪明才智，广泛开展'金点子'合理化建议。"

在分公司和大队两级工会的努力下，选好联系人成为一项关键任务，秉持着真心担当的理念，严格遵循基层推荐、组织审查等程序，精心选拔民主联系人。选拔过程中，突出了几个鲜明特点。首先是代表性强，人员构成涵盖了机关干部、科技人员以及一线员工。其次是综合素质高，民主联系人要掌握井下生产特点，懂得企业生产经营管理。当面对矛盾时，民主联系人既能站在维护分公司整体利益的高度，化解矛盾，做好工作，又能积极维护员工合法权益和切身利益，有较强的责任心和参政热情。

在实施经理民主联系人制度过程中，做好双向沟通、诚心负责这一理念得到了充分践行。为了实现这一目标，分公司在沟通方式上精心策划，通过召开经理民主联系人会议，让民主联系人与经理面对面交流，从而有效地沟通情况、解答问题。在沟通内容方面，不仅涵盖了员工群众关心的热点、难点问题，还涉及企业发展的建设性意见以及分公司关于发展形势、员工收入等方面的答疑解惑。民主联系人在沟通要求上做到"两负责两传递"：既为员工负责，把员工的愿望和呼声传递给分公司；又为分公司负责，把分公司的政策传递给广大员工。后线员工小王对分公司的前后线奖金分配不太理解，民主联系人将员工的疑问传递给分公司，同时把分公司的政策解释传递给员工。通过这种方式，员工对分公司的政策有了更清晰的认识，也增强了对分公司的信任。

分公司始终将抓好建议落实、用心办事作为重要工作准则。为确保建议及时答复，相关部门积极行动起来，严格督办相关部门认真落实，定期通报落实情况。对于一些短期内无法解决的议案，工会和相关部门将其纳入计划，逐步解决。例如，大队的运动场所需要进行改造，由于涉及资金和工程问题，短期内无法完成。工会将这一情况向民主联系人说明，并制定了计划，最终完成了改造。对于一些受到上级相关政策制约等因素无法解决的议案，也会及时向民主联系人解释说明，得到了民主联系人的理解。

分公司始终将员工的需求放在首位，通过召开经理民主联系人会议，收集各类意见建议，切实为广大员工解决了很多实实在在的问题。比如：员工们提出"希望分公司建立高平宿舍、办公室和食堂"。经理组织分公司相关部门进行研究和规划，很快就落实了议案。另外，员工们提出对劳动保护用品进行个性化设计的建议。工会将这一建议传达给分公司相关部门，相关部门积极响应，对劳动保护用品进行了改进。员工们对劳动保护用品更加满意，工作安全感也得到了提升。

通过落实经理民主联系人议案，众多基层员工反映突出的问题和困难得到了切实解决。这不仅让员工感受到分公司对他们的重视，还增强了员工对分公司的归属感和认同感。员工们更加积极主动地为分公司发展出谋划策，拧成了一股团结奋进的力量，为分公司的持续发展奠定了坚实基础。

一张联系卡　沟通千万家

在著名作家魏巍的笔下,那些抗美援朝、保家卫国、不怕牺牲、浴血奋战的志愿军战士,是最可爱的人。今天,在分公司的发展进程中,同样有一群为了国家利益、企业发展而忘我奉献、艰苦拼搏的干部员工,他们同样是"最可爱的人"。

艰苦的环境,磨炼坚强的意志,锻造钢铁的队伍。分公司的工作条件之艰苦,是其他任何单位不可相比的。前线的将士以极大的毅力忍受着常人想象不到的恶劣工作环境和生活条件。他们奋战在第一线,舍小家、为大家,忘我工作,直接创造着使全分公司广大干部员工共同分享的经济利益,的确是最可亲的兄弟姐妹;他们奋战在第一线,忍受煎熬,艰苦奋斗,承担着创建百年油田的历史使命,的确是值得敬仰的战士;他们奋战在第一线,默默无闻,无私奉献,为井下作业分公司的长足发展赢得信誉、赢得市场、赢得效益。

独在异乡为异客,每逢佳节倍思亲。老人有病,不能来到床头尽儿女之孝;孩子上学成长,不能回到家里尽父母之责;爱人工作、家务一肩挑,不能回来与其分担劳苦;

自身患病，不能得到及时医治……身处异国他乡、负责分公司海外市场开发的井下员工忍受着精神上的煎熬、生理上的极限，仍然坚守岗位、英勇拼搏，对于他们来说，心头最大的牵挂是联系不上亲人时心里那份焦灼。为了做好海外市场开发人员的思想工作，免除他们的后顾之忧，"家园"式亲情文化应运而生：以"家庭信息档案"传递关爱、以"姐妹帮扶对子"架起桥梁，以"亲情联系卡"系结纽带，竭尽所能、细致入微地关照员工家庭，让每一名员工远隔重洋也能感受到企业这个"大家庭"的温暖，使员工能够全身心地扑在工作上，肩负起开拓海外市场的神圣使命。

井下作业分公司为外部市场施工员工送行

建立家庭档案，消解孝亲敬老之忧。为了缓解海外员工对父母双亲的挂念，海外员工都要填写"家庭信息档案"，档案中详细记录着每位员工家人的生活和工作情况。根据汇总的档案情况，分公司定期进行入户走访或慰问：到家中了解老人的生活近况，为老人做家务，陪老人聊天解闷，尽全力关心照顾老人，用实际行动帮助海外员工减轻后顾之忧。

2011年4月7日，DQWO-073修井平台机械师韩滨的父亲因病入院，而此时的韩滨正在伊拉克工作，无法赶回。得知这个消息后，相关人员迅速响应，立刻前往探望、主动了解难处、积极帮助寻医问药、直到送完老人最后一程。不是家人胜似家人的温暖打动了韩滨的心，他的心中不仅充满了对父亲的深深怀念，也充满了对组织的感激之情。

结交姐妹对子，架起情谊帮扶之桥。一个电话、一声问候，一张贺卡、一束鲜花，每逢"三八"妇女节、"五一"劳动节、"中秋节"等节日，海外员工家属常常收到这样的惊喜。这看似简单的问候，背后是分公司机关各部门给予的大力支持，机关科室领导和女同志纷纷与海外员工家属结交帮扶对子。每当海外员工家属遇到苦恼，有了知心人可以倾诉；碰到喜事乐事，能与好姐妹一起分享。无论早晚，小到换个灯泡，大到生病住院，只要拨通电话，与她们组成帮扶对子的亲情姐妹就会以最快速度赶到，帮助解决生活中遇到的各种困难。

在每一位鲁迈拉项目员工的家中，都摆着一个特殊的电子相册，屏幕上变换显示着海外员工在沙漠中绽开的笑脸，每张照片向万里之外的亲人倾诉着无限的思念。这是在"姐妹帮扶对子"活动中，分公司工会、女工组织为海外员工家属准备的精美电子相册。相册记录了伊拉克施工人员的生活和工作情况，将他们的每一张笑脸、每一份心情记录下来，照片定期更新，让牵挂的妻儿能够随时看到丈夫、父亲的工作状态，在浓浓的爱意中感受对方的辛苦与快乐。

关注子女成长，倾力培育栋梁之材。父母是孩子的第一任老师，在孩子的成长过程中扮演着重要的角色。为了让孩子的成长之路感受更多的父爱，海外员工和他们的孩子将父亲的寄语、子女的思念，以及双方工作、学习、生活情况记录在"亲情联系卡"上，通过回国倒班人员进行传递，让父子间的心灵距离不再遥远。

为了帮助海外员工更好地尽起父亲的职责，分公司组织有经验、有方法的人员密切关注海外员工子女成长，每到开学初或学期末，都会积极地询问孩子们的学习情况，向海外员工的妻子了解孩子的学习目标和打算，积极帮助他们解决生活和心理上的问题。他们既是长者又是朋友，特别是针对进入高考冲刺阶段的子女，分公司组织刚刚毕业参加工作的新员工，以"大哥哥""大姐姐"的身份与孩子们谈心交流，帮助孩子们放松身心，缓解学习压力，以轻松愉悦的心态迎接挑战。他们始终相信，今天用爱心浇灌出的棵棵幼苗，必将成长为明天的参天栋梁。

推行"家园"式亲情文化以来，富于"人情味儿"的一系列措施分担了员工后顾之忧，增强了企业的向心力与凝聚力，减轻了海外员工对父母、妻子、儿女的牵挂，使海外员工在条件艰苦，远离亲人的异国他乡能够积极克服困难，敢于挑战自我，履职尽责，坚守一线，让温暖的亲情与海外的铮铮铁军一路随行。

第四章

精锐特旅，向心百年
探成长曲线旌旗在望，井下铁军舍我其谁

向百年，标杆旗帜迎风猎，从头越，知难而进，滚石上山，敢缚苍龙？

扬曲线，长缨在手破万难，续荣光，铁肩担任，能源保供，牵黄擎苍。

党的十八大以来，井下人知难而进，主动担当。当建设世界一流现代化百年油田的宏伟蓝图在眼前铺展，井下作业人坚持以习近平新时代中国特色社会主义思想为指导，以"铁肩担大任，铁心保稳产，铁志做贡献"的壮志豪情，全方位解放思想，把内生动力激发出来，把发展活力释放出来，树牢服务油田思想，扎实推进好"六大工程"建设。

再大的困难也挡不住一心干事创业的井下铁军。波澜壮阔的新时代，以全国先进基层党组织修井107队为代表的大庆油田"特种部队"，为建设世界一流现代化百年油田而战，为维护国家石油战略安全而鼓，迈向百年油田的新征程上，新时代井下铁军必将谱写新的华章。

大压裂时代：千方砂舞　万方液涌

2010年以来，井下作业分公司积极投身于致密油难采储量动用，开展水平井体积压裂、直井缝网工艺现场试验，单井产能获得重大突破。与此同时，单井液量10000立方米、砂量1000立方米、排量每分钟16立方米以上，同比常规压裂规模提高近30倍的"大排面"，给施工组织带来了前所未有的巨大挑战。井下作业分公司主动承压、积极求变，把千方砂、万方液打入地下，稳健迈出"大压裂时代"的第一步。

2011年11月14日，大庆油田压裂施工规模最大的水平井——垣平1井压裂成功。这口井采用多段分簇体积压裂工艺，改造水平段、施工规模、施工排量、多项新工艺组合等施工参数，均创大庆油田乃至全国油田开发史上的新纪录，为低渗透油层储量有效动用提供了关键技术支撑。

自此，油田井下作业进入了"大压裂时代"，千方砂、万方液，这样的压裂规模变得越来越常见。为满足成倍增长的生产数据需要，分公司结合井型工艺、规模特点，探索"两班倒""三班倒""四班倒"等连续施工模式，员工轮换休息、岗位高效联动，实现了"生产时效提升、经营成本下降"的管控目标，施工能力显著增强。在喇8-TS2833井现场，压裂员工按照专业化管理模式，通过"三班倒"方式，仅8名员工就完成了现场6个压裂车组24小时连续压裂，人员各司其职，有条不紊。压裂大队压裂9队队长说："以前上井压裂，20多人在现场，现在实行专业化管理，分班组完成，岗位员工的职责更明确了，责任心也提高了，还能倒班休息。"在茂801区块，单井压裂周期由2.7天成功缩短至1.6天。

随着油田致密油增储上产步伐加快，大型压裂任务逐年递增，工艺类型更加复杂，如何持续提高施工能力，降低改造成本，减轻员工劳动强度，成了重要研究课题。分公司秉持"小井场大作业"工厂化理念，坚持系统集成和自主创新，历经独井压裂、模块作业、平台交叉、区域施工、自动控制、信息智能六个发展阶段，形成了国际先进水平的工厂化作业模式。

2014年3月27日上午11时，距大庆市大同区唐花马屯约2.3公里的垣平1-1井、垣平1-2井和垣平1-3井三口井迎来当年首次三井连压。这三口水平井连压，共压裂25层，总液量29010立方米，总砂量2880立方米，由于采用工厂化作业模式，8天就完成三口井的压裂，节省施工时间 7 天以上，提高工作效率 1 倍以上，创造了在同一井场、同一条管汇同时压裂 3 口井的最新纪录。

"三井连压是我们实施工厂化的标志性做法。"工程地质技术大队压裂一室负责人说，"以前压裂一口井五六天，现在三井连压只需要八天；以前每天压裂一层，现在能压裂三、四层；压裂用液量以前一口井几百方，而现在是几千方，甚至上万方。压裂效率大大提高了，每个人职能明确了，操作的标准化更高了。"

这种新型"工厂化"作业模式，在作业、压裂、供水、供液、供砂等系统全面优化，形成了独具特色的技术体系，提高了运行时效，降低了施工成本。与初期相比，井场设备由 124 台（套）减至 33 台（套），减幅达到 43.7%；管线由 144 根减至 20 根，减幅达到 86.1%；日压裂段数由 1~2 段提高到 4~5 段，能力提升 60% 以上；研发供水配送中心和远程供液设备，建成了 5 公里范围内远程供水、3 公里远程供液系统，形成了大庆油田特色的区域化保障模式，单井减少供水成本 40% 以上，临井可取消 2 口水源井、1 个蓄水池投入，节省费用 60 万元以上；现场配液实现了多种液性即配即注，日配液能力由 3000 立方米提高到 10000 立方米以上，转运效率提高 50%，减少用工 10 人；现场供砂由罐车倒运向阵地连续输送转变，取消现场全部吊车，单井节省罐车75台次，减少用工8人；供砂区也由以往"蚂蚁搬家式倒运"向"阵地连续输送式"转变，减少了现场混砂车、砂罐车等设备投入，保障了连续施工需求。

工厂化作业模式的创新和突破，使分公司作业年施工能力由34口提高到300口以上，井场占地面积由40000平方米减至8000平方米，现场用工人数由215人减至70人，单井成本由2436万元降至850万元，确保了大庆油田不同类型储层压裂工艺的有效实施，有力推动非常规资源的效益开发，还为大庆油田工厂化压裂作业开拓外部市场提供了坚实保障，对整个行业发展带来了深远影响。

油田公司领导多次到现场予以指导，对大型压裂工厂化作业"达到国际先进水平"给予充分肯定。"工厂化施工流程自动化控制技术推广"项目，荣获了大庆油田科技进步特等奖。该工艺技术申报国家发明专利4项，建立了集团公司工厂化作业标准，并在中国石油范围内推广，整体达到国际先进水平，其中的一体化联动控制技术填补了行业空白，达到国际领先水平。

2019年，大型压裂完成工作量首次超千口；2020年，大型压裂完成工作量、压裂效率、砂量液量、施工层段等关键指标，再次取得历史性突破。

在千米地下开路架桥，于创新浪潮中乘风破浪；从"千方砂、万方液"，到"工厂化"作业模式，井下人用实际行动证明了：没有山穷水尽的科研路，只有柳暗花明的新天地！

圆梦！海外酬壮志

随着中国石油天然气集团公司建设综合性国际能源公司步伐的加快，大庆油田对海外业务拓展给予高度重视和政策支持。在此契机下，井下作业分公司获得了伊拉克鲁迈拉油田"一体化"开发项目相关业务参与和投标的机会。2011年1月，分公司成立伊拉克鲁迈拉修井项目部，首次以整装队伍方式走出国门，与国际一流石油公司合作并同台竞争。自此，带着"把井修到国外去"的铁军梦想、满怀"我为祖国献石油"的雄心壮志、肩挑维护国家能源安全的神圣使命，项目部全体成员克服种种磨难，演绎了一段又一段创业传奇。

井下作业分公司伊拉克海外工作人员与安保人员合影

对标国际，直面挑战，靠"大庆标准"扎根海外市场。初涉国际市场，项目部因前期准备工作较为充分，日费率一度维持在 80% 左右。随着时间推移，面对国际标准的苛刻要求，项目部的短板与不足逐渐暴露，甲方接连下达停工指令，甚至出现 7 支队伍全部停工零日费的情况。项目部认识到，只有构建一套科学高效的国际化运营管理体系，才能确保海外项目的顺利运行。

为对标国际标准，DQWO-074 队平台经理的宿舍被各类资料和书籍填满，连落脚的地方都没有，困了就趴在书桌上打个盹，最终成功编写出符合鲁迈拉施工要求的安全操作手册，推广应用后帮助员工迅速掌握了国际通行的 HSE 管理办法，队伍被叫停的次数越来越少。2017 年，该平台实现安全生产 5 周年，相当于 1871 天、43800 小时无安全损工事件，连续安全生产时间创鲁迈拉联合作业组织成立以来最高纪录。在庆祝典礼上，美国《华尔街日报》高级记者对该平台进行了采访，陪同采访的鲁迈拉油田总经理夫劳瑞思盛赞 DQWO-074 队是鲁迈拉地区所有国际修井队中的标杆，是让他最放心的队伍。

2018 年 1 月，项目部顺利通过美国 API Q2 总部的现场审计和资质认证，实现了国内第一家独立开展海外 API Q2 认证和中国石油企业第一个以全套英文版的体系文件通过认证的"双第一"目标，被美国认证专家组高度评价为"大庆标准"。这意味着，我们的质量管理可以底气十足同国际一流石油公司比肩，真正成为世界一流的石油技术服务团队。

固本强基，深挖潜力，靠"大庆速度"领跑海外市场。项目部执行日费合同，只有深挖自身潜力，不断提速提效，才能提升持续发展能力和水平。项目部以提高作业效率为重点，最大限度避免施工等停情况，努力实现生产进度无缝衔接、生产组织紧密高效。

鲁迈拉夏季早晚气温在35℃以上，中午最高温可达到55℃，地表温度更是接近70℃。为确保高温下的施工效果和工作效率，项目部干部靠前指挥带头干。DQWO-076平台刚到鲁迈拉施工时，工程师刘亚贤是唯一一名能与甲方和当地雇员无障碍交流的中方人员，为及时满足甲方对安全、环保、作业等方面要求，他白天顶着烈日，晚上忍着困倦，日夜坚守在平台上。施工RU-100井时，由于人员紧缺，为了不耽误生产进度，他自己去扛盐袋子，一扛就是30多袋，一干就是三天三夜，直到甲方给项目部下发了强制休息的命令，他才回到宿舍。刘亚贤给外籍雇员做出了榜样，项目部也因此赢得了甲方及雇员的信赖和尊重。

"搬家"是影响日费率最直接、最广泛的因素。2011年初，项目部刚到达伊拉克，就创下了10人平均每天装卸81车设备的奇迹。一次DQWO-074平台搬家，正赶上沙尘暴来临，能见度不到3米。为了不耽误搬家进度，平台机械师兼电气师张相龙拿毛巾蒙住口鼻，爬进卡车底下紧固螺丝和液压支腿。一个小时后，等他回到房间时，嘴里、鼻子里都是沙尘，连呼出的气都冒着黄烟。项目部的施工效率就是靠员工们这样"拼"出来的。2015年，项目部平均搬家时间从3.65天降到3.10天，再降到2.86天，实现短时间内"三连降"，同时实现了无安全质量事故连续施工，设备年审中包揽了多项第一，刷新了鲁迈拉油田的日费纪录，这一系列的重大突破，连全世界石油行业标准最高的甲方BP石油公司都连连竖起了大拇指，赞不绝口称之为"大庆速度"！

把握规律，灵活运作，靠"大庆智慧"开拓海外市场。2014年12月19日，对大庆井下的海外市场来说是个重要的日子。鲁迈拉修井项目部传来捷报，在与长城钻探、斯伦贝谢、哈里伯顿等众多国内外一流石油公司的激烈竞争中，大庆鲁迈拉修井项目部力挫群雄，脱颖而出，再一次成功中标4套修井机项目，大庆海外市场又一次实现重大突破。2016年，甲方在较低预算范围内，开始对2019年以后一段时期的 5+1 年修井合同进行招标。在国际油价未见明显回升、修井市场萎缩严重的大形势下，这份合同具有十足的市场吸引力。竞标消息一经发布，中东周边 20 多家中外公司蜂拥而至，竞争异常激烈。项目部经理带领投标团队研究出台了提高作业效率、增加搬家频次等具体举措，研究生产辅助市场，丰富创收创效方式，明晰了保底日费和盈利预期，为商务谈判留有更多的余地。受伊拉克政府影响，此次竞标出现了超低价格的非良性竞争，成为一场旷日持久的拉锯战。投标团队根据形势变化，先后 3 次调整报价，回复 4 次商务澄清，较好地控制了节奏。最后一轮报价时，起初的 20 多家竞标者仅剩 6 家，真正进入了白刃化阶段。经冷静分析、审时度势，坚持在预期盈利点上提交了最后报价，最终以 0.04% 的微弱优势险胜，为 2019 年以后五六年的项目发展赢得了弥足珍贵的市场机遇。项目部在群雄逐鹿的鲁迈拉市场脱颖而出，在国际市场叫响了"大庆品牌"。

"把井打到国外去"，这是铁人王进喜的梦想。"把井修到国外去"，这是新时期井下铁军的梦想。从 2011 年到 2025 年，铁军将士凭借一腔热血，远赴海外圆梦，走过了几多坎坷路，让鲁迈拉项目完成了从无到有、从小到大、从弱到强的华丽转身，在异国他乡叫响了"大庆井下铁军"

品牌，获得了油田公司"功勋集体""油田先进党组织"等一项项荣誉。"丈夫志四海，万里犹比邻"。"特种部队"勇闯鲁迈拉的脚步不息，属于"井下铁军"的传奇故事仍在续写，不断焕发新的光彩。

破局开路：特种作业的先遣队

2012年，随着油田措施工作量不断增加，分公司站在战略发展的制高点，精准把握油田新需求，将大规模探索各类大型压裂井作业施工任务的重担，交付给特种工艺作业一大队。该大队勇挑重担，凭借过硬实力完成了带压作业、极限压裂、连续油管作业等大型压裂井作业的"初实践"，他们潜心钻研，倾尽全力将新兴工艺打磨为成熟业务后，再以"经验＋人才"打包输送的方式，推广到兄弟单位，推动大型压裂井作业技术在分公司遍地生花。

时势造英雄。特种工艺作业一大队前身为原油田维护作业二大队，组建于2002年10月，是分公司为扩大市场份额、适应油田维护作业需要，举全分公司之力，对组织结构和人力资源进行重要调整，在不到4个月的时间内，组建而成的专业化的油田维护性作业队伍。2006年12月，原油维二大队经人员及业务结构整合后，更名为特种工艺作业大队；2007年11月，随着业务拓展需要，再次更名为特种工艺作业一大队。23年来，这支年轻的队伍名称在变，初心不改，始终冲刺在分公司特种作业的最前沿。

井下特种工艺作业一大队平台施工现场

　　油田维护作业领域，是分公司整体发展战略的重要组成部分，是对发展方向和主营业务的新定位，是经济新的增长点。愈是顶风冒雨，愈要大步前行。成立之初，这个大队直面管理体系不完善、技术空白、市场开拓难等重重困难，迈出整章建制的艰难第一步，修订完善了各项管理制度和办法，按照"自主经营、自负盈亏、自我约束、自我发展"的"四自"方针，以"起步即加速"的态势，实现了从无到有的艰难起步。凭借"敢为人先、攻坚克难"的优秀品质，在短短两年时间内，将业务涵盖到了油田10个采油厂，实现了抢占油田维护作业市场的初步目标，成为当年拥有油田施工品种最多、最全的队伍，并圆满完成了油田第一口水平分段压裂井——双平1井的压裂施工，填补了油田水平井大型压裂施工的空白。

2012年，作为分公司第一支"吃螃蟹"的队伍，特种工艺作业一大队，开始大规模试水各类型大型压裂井的作业施工。在可借鉴经验少的情况下，严格执行"二写实四总结"的工作制度，把每一次施工当作提升技能的契机，迅速摸清不同类型大型井的工艺特点，以提高劳动生产率、设备利用率为目标，打造形成了井位交叉、队伍交叉、工艺交叉、人员交叉的"四位一体"交叉作业组织模式，有效提升了生产施工效率和队伍施工能力，为大型压裂作业在分公司的纵深推进积攒了宝贵经验。2012年9月，迎接集团公司勘探与生产分公司的调研指导，叫响了井下作业分公司的带压作业品牌。

井下作业分公司连续油管施工现场

井下作业分公司小修一体化平台施工现场

　　凭借"逢山开路、遇水搭桥"的攻坚精神，特种工艺作业一大队成功完成了大型压裂井作业的领航开路工作，将实践中总结出的宝贵经验、先进技术和优秀人才，毫无保留地分享和推广到分公司各单位：2015年把带压作业业务转给特种工艺作业二大队；2017年把极限压裂业务，转给作业三大队；2019年把连续油管和小缝网业务，分别转给作业二大队、作业三大队，成了推动特种工艺技术在分公司遍地生花的"幕后英雄"。

　　2023年以来，随着油田开采形势的变化，大型压裂井施工需求大幅缩减，已无法满足大队正常的生产运行。主动求变，才能获得长足发展优势。主要领导举旗定向，带领员工跳出舒适区、寻求新突破。以分公司唯一一支磁测定位技术服务队为依托，探索燃爆切割、射孔等新业务，制定"三个一"指导意见，搭建协作平台，打通关键节点，坚持立足井下、服务油田，包揽分公司内部业务的同时，把战略目光放眼到油田，锚定"人无我有、人有我精"的目标任务进行业务突围，实现了服务领域的多元化。试运行小修一体化平台，通过设备的自动化升级，做到井口无人作业，实现生产安全系数、员工劳动强度"一提一降"，完成单班施工人数由5人精减至3人的"减法题"，为井下作业从依赖体力的传统模式向自动化转变，做出有效尝试。

难走的路是上坡路，难开的船是顶风船。在20年的发展历程中，特种工艺作业一大队始终保持着"打头阵、担重任"的特质，靠着认识上的深化、技术上的突破、管理上的创新，先后经历了从无到有的艰难起步期，领航开路的能力成长期，业务类型多元化的多元发展期，每一个时期，都不负重托、闯关破碍，彰显了不可或缺的"特种"力量。

赓续"硬七队"精神　展现新时代风采

分公司作业一大队作业102队把会战时期形成的"硬七队"精神不断融入新的发展实践中，在全油田率先开展专业化试点，探索轻量化运行、自动化配套、智能化操作新模式，"一队四机"让员工劳动强度降低40%，单井施工效率提升45%，打造出一支"两新两高"新型作业队伍。

"破"壁垒。老传统要传承，新标杆要立住！为了保持队伍的创新性和引领性，作业102队主动"破"壁垒，屡次承担井下作业新装备的攻关研发和新模式的试验推广任务，先后历经专业化配套、智能化升级、平台化运行三个攻关阶段，建立形成了一套成熟的生产运行模式。第一"破"——打破思维桎梏，开展专业化配套。作业102队于2013年主动承接井下作业系统专业化配套任务，将原有工序进行主辅分离，对各工作岗位重新优化设置，有效压缩了非生产时间。同时，率先在井下作业板块探索建立"三班制、大倒班"新模式，有力解决了困扰行业多年的问题。第二"破"——聚焦发展需求，推动智能化升级。随着专业化模式不断深入，作业102队先后参与自动化液压猫道，大小工具撬、管杆通用液压钳、污水回收回注环保装置等集成化、轻量化设备改造研发项目。2017年，主动承担井口智能操作平台的试验任务，改变了传统井口作业人工操作模式，进一步简化了操作流程，提高了效率，保证了安全。第三"破"——顺应行业趋势，探索平台化运行。近两年，作业102队充分借助智能设备优势，创新推行"一队四机"平台化运行模式，重新调整组织架构，优化岗位职能，集中区域、就近施工、轮转作业，实行生活基地、设备资源共享，形成9∶1最佳人机配比。2022年下半年，他们月平均完成常规压裂井9口，员工劳动强度降低40%，生产能力较常规队伍提高45%。

"强"管理。绿水青山就是金山银山。作业102队紧盯生产重点领域和关键环节，创新建立"两提一控"标准化管理体系，推动安全环保工作迈上新台阶。他们建立了压后封堵井、结蜡结垢井、机械投堵井等异常工序井档案，以及环境敏感区域、浅气层发育、高危高压高含硫等异常井施工预案，通过"双案"管理，提高了应急处置能力。他们结合作业施工特点，试点建立安全环保"双重预防"机制，推行"一制、两关、三责、四步"工作法，并通过机关下移、干部下沉、岗位工人"一检三查"做到人人把好风险关、守住隐患关。

"铸"队魂。"井下作业硬七队"精神是作业102队的"根",要以卓有成效的党建工作建堡垒、铸队魂。作业102队坚持每月策划一个主题,认真开展"十二型"主题党日活动。在全队范围内开展"进102门、做102人、创102业、铸102魂"座谈和"忆队史、强传统、正作风"主题实践活动,营造了比学赶超、创先争优的浓厚氛围。持续加大对业务骨干、后备人才的培养输送力度,不断强化自身"造血"功能,让老标杆焕发新光彩。紧跟油田形势变化,把继承传统与改革创新相融合,作业102队不断探索、实践、总结、提升……

井下作业分公司作业102队干部员工合影

历经 60 余载岁月淬炼，作业 102 队先后荣获集团公司"百面红旗""千队示范工程示范单位"等市局级以上荣誉 162 项，获评大庆油田 2022 年度功勋集体。站在新起点，作业 102 队不断继承着光荣传统，还着力推进高质量发展，努力打造作风过硬、标准过硬、技能过硬、品牌过硬的新标杆，为新时期大庆油田新发展贡献着"硬七队"力量。

科技创新：跨越"万水千山"的技术"苦旅"

聚焦稳油增气大局，提升技术支撑稳产能力，分公司把增效果作为攻关核心，把提效率作为攻关导向，把降成本作为攻关重点，主动作为，发挥科技第一生产力作用。

2012年以来，分公司逐步加大技术研发投入力度，压裂、修井、特种作业主体工艺和配套技术均获得跨越式发展，技术水平获得大幅提升，累计获得油田公司级以上奖项56项，其中省部级13项，荣获国家发明专利25项，制修订行业及油田企业标准225项。攻关形成的直井缝网压裂、水平井体积压裂、三类油层压驱、南一套损区治理等技术，均成了支撑油田措施增产的主体技术。

压裂技术：面临资源品质变差，挖潜改造难度加大，持续突破油田开发的卡点和堵点，压裂工艺技术全面升级，打造了极限对应、水平井体积、直井缝网、压裂驱油提高采收率等系列品牌技术，工业油流比例保持65%以上，推动新区块新建产能170万吨，为油田稳产筑牢储量基石，累计多动用2.8万个小层，多增油300万吨。极限对应压裂技术荣获集团公司科技进步三等奖，松辽盆地北部致密油水平井体积压裂先后荣获集团公司科技进步三等奖，三类油层压驱提高采收率技术研究荣获油田公司科技进步特等奖，外围低产井缝网压裂提高单井产量现场试验荣获油田公司科技进步一等奖，直井缝网压裂技术和压裂驱油提高采油率技术集成《大庆长垣及外围注采不完善储层压裂有效动用技术研究》荣获集团公司科技进步奖一等奖。

修井技术："十二五"以来，油田进入高含水开发后期，井网层系更加复杂，多种驱替方式并存，控压差和防水窜难度大，油田套损步入第三次套损高峰，年新增套损井超过1500口，套损程度不断加重，疑难井比例高达36.7%。针对疑难井比例高、修复难度大的实际，修井系统全体干部员工在分公司党委和分公司的坚强领导下，踔厉奋发，建立专项攻关试验队，成立复杂老井技术研发中心，创新提出"横向找鱼、液压扩径"治理思路，攻关逆向锻铣、扩径磨铣、强制扶正磨铣、无通道井取换套等系列新型技术，成功治理了喇7-30、南一西、南二西等多个套损区，管内治理套损通径突破30毫米下限，疑难井治理成功率由10.6%提升至76.2%，仅南一区西部严重套损区，修复后当年多产油30.8万吨。南一区西部疑难套损井治理现场试验荣获油田公司科技进步奖一等奖。

连续油管技术：2009年分公司开始研发配套连续油管

技术，先后经历探索引进、发展整合、规模应用"三个"发展阶段，工艺技术由常规作业快速拓展到压裂、修井领域，发展形成了压裂改造、快速作业、疑难处置3大类18项配套技术。自2014年专业化整合，业务划归到分公司以后，通过打造技术、管理、运行、队伍建设"四个专业化"，尤其是常规井连续油管底封环空加砂、连续油管直井精细分层、连续油管直井缝网、连续油管密切割体积压裂、连续油管老井重复压裂5大技术的创新突破，创造了"单趟管柱拖动94段、最大排量16.5立方米每分钟"等多项国内施工记录，实现了最小储层0.2米，最小隔层0.4米目的层的精准改造，业务工作量、业务能力大幅提升，年施工井数由15口增加至480口井。

井下作业分公司技术人员正在进行技术分析研究

带压作业技术：分公司自 2004 年开始带压作业技术研究配套，在油田最早开展带压作业施工。从油水井维护作业，逐步发展形成了涵盖压裂、修井两大领域，抽油机、电泵井等多种井型 7 大类 20 项技术，为油田不压井环保作业提供了有效技术手段。2016 年，行业首次开展带压压裂施工，将带压作业设备与压裂井口相结合，研发高压直管带压压裂工艺、井口合压带压压裂工艺及管内防喷压裂工艺管柱，压裂施工中逐层压后封堵，实现管内防喷。该技术攻关先后经历了"分体式""高压直管一体式"和"合压井口"三个阶段，大液量、缝网、转方式等大规模压裂井累计完成 405 口井，单井施工周期 15.3 天缩短至 9.3 天，减少关井降压时间 6.7 天，累计少排液 2.4 万方。压后平均井口压力 9.3 兆帕，累计增油 6.7 万吨，保持了压后地层能量，使措施改造效果得到了最大程度的发挥。下步重点攻关带压钻磨铣、打捞等修井工艺技术，实现高压套损井带压治理。

工厂化技术：自 2011 年垣平 1 井单井施工工厂化作业，围绕供水、配液、混砂、泵注、作业、返排液处理六大系统，持续开展技术攻关，先后突破了联动控制、远程供水、高排量速配等十项关键技术，通过以"自动化、标准化、信息化"为核心的关键技术突破，将施工现场各单元"化零为整",自主创新打造了全流程智能联动技术,实现施工区域的无人值守和压裂参数的精准集成控制,对比以往,人员由80人减至28人,设备由75台套减至34台套,建立集团公司作业规范,定型五种压裂运行模式,引领了国内工厂化压裂技术发展,已在中国石油集团油田技术服务有限公司(简称中油技服)各钻探企业全面应用,大庆模式实现全覆盖,累计节省成本22.5亿元。先后荣获油田公司科技进步特等奖,集团公司科技进步奖二等奖。

压裂液技术:围绕不同压裂工艺需求,分公司先后研发形成了"植物胶、聚合物、表面活性剂"等6大类16种压裂液配方和8套酸液体系。特别是围绕高性能、低成本、不返排的目标,攻关形成了一体化滑溜水和页岩油返排液重复配制压裂液体系。一体化滑溜水压裂液体系创新引入相同极性的官能团调整缔合液分子间的作用力,明确了稠化剂网状与支链共存的分子结构和双效功能的经济平衡点,实现了压裂液在同一液性下减阻和携砂性能的变黏控制,现场施工即配即注,添加剂种类由6种减至1种,相同携砂性能条件下,稠化剂用量从0.8%降至0.1%~0.4%,综合成本从133.7元每立方米降至58.9元每立方米,降低了55.9%。页岩油返排液重复配制压裂液体系破解影响复配液性能主控因素,攻关离子抑制剂、缓胶剂、交联剂等,研发配套新的配液工艺流程，实现返排液100%高效复配，复配液各项性能指标均达清水配液水平，实现2024年对比2023年模式，节约成本4800万元，在解决大量返排液无法存储，大幅降低油田环保压力的同时，有力支撑了页岩油新井的压裂投产。

井下作业分公司一线员工利用工作之余在现场进行技术学习

工艺管柱：针对不同压裂工艺发展需求，分公司先后研发形成了与"常规作业、带压作业、连续油管作业"配套使用的3大类8种主体压裂工艺管柱，自主化率达到99.8%。分公司开展大规模压裂以来，系列工艺管柱快速迭代升级，坐压多层工艺坐压层数提升至8层，排量由4.0立方米每分钟提升8.0立方米每分钟，单喷过砂量由50立方米提升至 240 立方米；小直径压裂工艺管柱外径由 104 毫米降至 95 毫米，单喷过砂量由 20 立方米提升至 100 立方米，年应用达到 460 口井。保护薄隔层裂管柱由最初的"压 3 层保护 1 个薄隔层"升级到"压 6 层保护 1 个薄隔层"或"压 4 层保护 2 个薄隔层"，单喷过砂量 20 立方米提高到 50 立方米，年应用量约 420 口。连续油管系列管柱的研发应用推动了工艺系列化发展，底封拖动压裂管柱实现最高排量 16.5 立方米每分钟，一趟管柱压裂 94 段，连续油管重复压裂管柱实现施工排量达到 5.0 立方米每分钟，一趟管柱压裂 19 段，年应用量约 150 口井。

信息化技术：以转变传统管理模式为着力点，深入剖析管理流程和控制节点，全力打造研发了"一个中心、五个平台、八个模块"为核心理念的生产指挥平台，通过创建生产指挥、综合监察、专家服务、物资保障、设备管控"五位一体"高效指挥平台，打破以往"分公司、大队、小队"逐层管理理念，建立"三级直线管控"新模式，综合利用先进技术设备，创建了生产指挥信息化管控新模式，实现了信息数据"看得见"，安全管控"叫得通"，资源设备"调得动"，风险隐患"能预警"，事故原因"可倒查"，实现了管理模式的转型升级。分公司数智化建设历经了"单现场监管、集成应用平台开发、业务模块各个击破、五位一体协同指挥"四个阶段。目前，在自动化技术成功应用基础上，突出井场数智化技术攻关，初步迈入"大数据智能互联"研发阶段。

　　跋涉过科技创新的万水千山，每一次的出发，都是为了满足企业高质量发展的需要，每一次的跨越，都是为了赶超世界先进水平，在竞赛激烈的技术服务中占据一席之地。新征程上，我们将继续坚定站在科技攻关自主创新的最前沿，自我加压，挑战极限，突破瓶颈，勇攀高峰。

师徒携手共奋进　薪火相传谱新篇

"师带徒""传帮带"是大庆油田的优良传统,这不仅是技能的传承,更是精神的延续。从老一辈功勋员工到新一代技术骨干,一代又一代师徒并肩携手,在传承中延续铁军作风,书写精彩华章,"特种部队"的接力棒在他们手中稳稳传递、熠熠生辉。

分公司深刻发扬这一优良传统,一批批高精尖技能人才如雨后春笋般涌现。2015年5月4日,在大庆油田纪念五四运动96周年暨十大金牌师徒表彰座谈会上,分公司汪玉梅、杨玉才师徒被授予"十大金牌师徒"荣誉称号。汪玉梅,是油田公司"功勋员工"、分层改造技术专家,时任分公司副总地质师;杨玉才,是分公司"十大杰出青年",时任工程地质技术大队油藏工程室主任。自2012年在分公司"导师带徒"活动中结成师徒对子以来,他们在科研战线上攻克道道难关,收获累累硕果,共同攻关了大庆长垣多薄储层细分控制压裂技术、长垣加密井薄差层二次改造技术,建立了大庆长垣薄差储层细分控制压裂标准;他们研究的外围直井缝网压裂技术,使长期处于低效、无效开发的外围扶杨油层难采储量实现了产能突破,解决了世界级科研难题,使8亿多吨难采储量得到有效动用。师徒二人先后取得科研成果十余项，荣获集团公司奖励1项、油田公司奖励7项，先后有2篇学术论文在国际石油技术会议上发表。

"小树不修不直溜"。有了严师的"敲敲打打"，好苗子才能进步飞快。为了帮助青年员工快速成长，分公司把严师和高徒细致分类，有针对性地派严师"修苗子"。

分公司根据青年员工的不同需求，将导师带徒活动细分为轮岗适应型、岗位提升型、特殊岗位型和拔尖培养型四大类。这种分类培养的模式，不仅帮助新员工快速适应岗位，还为小队干部、专业技能人员以及高端管理人才提供了精准的提升路径。在"导师带徒"活动的推动下，分公司的人才培养体系日益完善。

汪玉梅、杨玉才师徒深入施工现场改进压裂方案

走高走专，精益求精。随着"高端化发展、专业化运行、精益化管理"目标的提出，机械化、自动化被引入施工现场，对一线技能人员的技术要求也越来越高。"导师带徒"也逐步成了分公司技术人才培养不可或缺的重要组成部分。分公司团委明确了"两制三全"机制，即推行《青工导师带徒活动管理办法》《青年人才学分制管理办法》，全过程控制、全方位管理、全要素统计，实现"导师带徒"活动的高效管理、高质量推进。

汪玉梅、杨玉才师徒被授予油田公司"十大金牌师徒"荣誉称号

教会徒弟，师父"有面儿"。成长为技术方面的"大拿"后，杨玉才转变身份，把培养后备技术人才作为义不容辞的责任和义务。在"导师带徒"活动中，他先后结

识了8名徒弟，徒弟个个勤学上进，在他的引导下，陆续成长为所属单位的项目负责人和技术骨干，这让杨玉才特"有面儿"。杨玉才的经验是："带徒弟要讲究实践，越是好苗子就越要多敲打、多实践"。

2023年，分公司总结多年"导师带徒"活动经验，按照分公司《关于培育核心技能人才的实施方案》要求，紧密结合当前人才队伍建设现状和员工成长需求，秉持"精干化、专业化、高效化"的原则，进一步创新人才培养模式，推出了《金牌师徒百人计划实施方案》，为基层技能员工搭建了一个与分公司在聘技师、高（特）级及首席技师、技能专家直接沟通学习的平台，既实现了技能的高效传承，也激发了青年员工的学习热情和创新精神。在"金牌师徒"活动中，特种工艺作业一大队孙景明、王春涛两位"90后"因都酷爱钻研，一拍即合，结成师徒对子，开始在技术领域大展身手。2023年下半年，徒弟在师父的鼓励带动下，顺利通过了高级技师考试，职业生涯迈上了新台阶。这一年，徒弟还跟随师父参与了4项二级单位级难题攻关，主导完成了1项技术革新、1项"五小"成果。从跟着师父跑，到自己当领跑人，通过"金牌师徒"活动，王春涛完成了岗位成才的蜕变，见证了技能的传承与超越。

分公司"导师带徒"活动取得了良好效果，涌现出汪玉梅和杨玉才、蒋德山和陈壮、臧顶柱和穆超等油田公司"金牌师徒"，以及"全国青年文明号""全国青年安全生产示范岗"等优秀青年和先进集体。一份师徒协议，一脉薪火相承。师带徒，传承的不仅是技艺，更是对石油事业的热爱与执着。一代又一代井下人，在师徒的深厚情谊中，共同书写着井下的辉煌历史。井下的精神，以此代代相传，生生不息。

听！井下的声音

在井下 60 年征程中，每一条讯息都如点点微光，汇聚成璀璨的星河，照亮探索未知的征程；每一件往事都如小小水滴，汇聚成汹涌澎湃的江河；每一份正能量的汇聚，都仿佛时代的强音，铿锵有力，激荡人心。

井下的宣传工作记录着井下人团结协作、攻坚克难的故事；传颂着井下人奋发拼搏、勇于开拓的精神；刻画着井下人顽强忘我、超越极限的劲头，伴随着井下事业乘风破浪、滚滚向前。

2013 年，在分公司党委会议上，分公司党委书记就加强分公司宣传工作，提出了"四好一正"的要求和希望。

"写出井下好文字，拍出井下好画面，传出井下好声音，塑造井下好形象，凝聚井下正能量"。

好文字就是要深入基层、贴近员工，用具有吸引力和感染力的文字，展示企业风范和员工风采。

好画面就是用影像寻找和捕捉最生动的形象和最感人的故事，记录和展示分公司的精神传承与创新发展。

好声音就是在平面、电视、网络等媒体积极发声，宣扬成绩、传播文化、鼓舞士气、传递和谐。

井下作业分公司"铁军魂"英模事迹宣讲团走进海拉尔作业区

好形象就是充分发挥宣传思想工作强大的作用，切实维护分公司的良好社会声誉和企业形象。

正能量就是通过开展卓有成效的宣传思想工作，促进企业和谐稳定，弘扬主旋律、传播正能量。

目标清晰明确，使命光荣艰巨。有井下新闻发生的地方就会有宣传工作者的身影。

思想上跟进分公司形势，行动上跟进分公司安排，标准上跟进分公司要求，创作上跟进分公司热点。即是时代的瞭望者，又是井下故事的讲述者。他们活跃在井下生产生活的各个角落，像敏锐的触角，探寻着新闻线索。带着对"铁军品牌"的执着，通过采访、调查，挖掘事件背后鲜为人知的故事，将信息传递给大众，成为传播井下动态、展示井下风采的重要桥梁。

重大会议、生产经营、科研攻关、应急抢险、井场站队……白天黑夜、风雨无阻，使命必达，秉承着"永远在路上"的精神信念，认真践行"四好一正"。观点精心提炼，内容苦心剪裁，文字精益润色。既有"四六句"，也有百分比；既有全面概括，也有典型事例，在深情记录中，把井下的发展变革深深地融入推动油田高质量发展的历史进程。

大庆井下微信公众号、《井下新闻》、框架传媒、《井下人》简报、《青春征程》书刊、门户网站等内宣媒体；《大庆油田报》《油田新闻》等外宣媒体，每个平台都是井下宣传人奋斗的"阵地"。牢记初心使命，用每一次奔赴现场、每一段生动镜头、每一篇真情文字，在多媒体融合时代触摸发展脉搏，持续点亮井下人心中的灯火。

"镜头向下照，话筒向下递，触角向下伸"。镜头对准基层，对准群众，打通连接群众、联系基层的"最后一公里"，持续凝聚力量提振士气。印发《新时代、新作为、新形象》井下英模汇编等报刊书籍和音像视频；积极举办"铁军魂"先优事迹巡回报告会、油田功勋集体鲁迈拉修井项目海外创业先进事迹报告会；深情讲述员工群众身边的好人好事；以井下人在平凡岗位上的不平凡故事，唱响井下高质量发展主旋律，以"榜样就在身边，只要努力，谁都可以"点燃全员奋斗热情。

2019年，以热烈庆祝新中国成立70周年、大庆油田发现60周年为契机，拍摄制作井下专题片和形象片，并在修井107队、智能化生产指挥中心等参观点循环播放，进一步提升了井下品牌的知名度。

2022年，页岩油大型压裂施工现场观看党的二十大开幕画面登上央视新闻联播；修井107队施工现场观看党的二十大开幕实况，被黑龙江省内及省外多家新闻报纸媒体报道，彰显了新时代井下铁军坚定不移听党话、跟党走的良好形象。

用笔尖描绘分公司发展的蓝图，用镜头记录60年巨大的变化，用心去讲述井下前进的故事，用行动去塑造井下的正能量形象，"四好一正"的誓言铿锵有力。

脚下有泥，心中有光，肩上有担当，井下宣传人永远在路上！

即配即注——施工现场的创新突破

在大型压裂施工中，压裂液是成功的前提和保障。

从前，压裂液要在后线车间配制好，然后调用上百台罐车拉运到施工现场，才能满足单井近万方液量的施工需求。随着油田大型压裂施工井数显著增多，分公司大胆开拓创新，把"压裂液配制工厂"搬到施工现场，实现了现场配液、即配即注。

混配车是主车，主控室是"大脑"，车体里有一个微型"配液工厂"。辅车上，员工适时往粉仓装干粉，辅车可精密计量，配液时为主车提供干粉"弹药"；蓄水池有3000立方米，配液时为主车供水。主车操作人员负责把水和干粉按照设计要求的比例混配在一起，根据施工需要加入表面活性剂等药剂，将配制好的压裂液打入旁边的缓冲大罐，为施工提供连续、稳定的压裂液。这个干粉是分公司根据现场配液需要更新的配方，可以在不停车的情况下，随时调整配制出现场需要的最佳压裂液。

正常情况下，施工一层大约要很长时间。压裂车"隆隆"，混配车"伴奏"。混配车主控室不到1平方米大小，为了压裂顺利完成，主控室操作手常常是几个小时不离座位。虽有智能化的设备加持，但操作手还是会紧盯旁边缓冲大罐口的浮漂，观察液量。尤其是压裂转层时，会尽量让大罐中留有半罐以上的压裂液，施工开始后再根据使用量控制配液速度，单位时间内不能配太多，也不能配太少，为的就是让即配即注达到最佳效果。

配液"铁姑娘"参加"八三"管道会战

现场配液、即配即注的配液过程看似简单明了，从水的输送，再到液的配制，分公司在大型压裂工厂化施工上取得丰硕成果的同时，大型压裂配液也走过了一段荆棘之路。

寻找优质水源。2014年，分公司勇闯禁区，组织大量人力物力，围绕油田加大外围致密油等难采储量勘探开发力度的实际，对标学习，开启了大型压裂服务进程。创新形成了共用水源井、共用蓄水池两种远程供水系统，自此压裂配制现场有了稳定水源，实现了真正意义的供液"即配即注"。

突破多井施工。2015年，分公司着力突破多井布局，重点加强模式优化和功能升级，由"线状布局"向"网状布局"转变，实施5公里远程供水、单蓄水池覆盖多井组施工，有效保障草原等特殊环境施工需求。日配液能力10000立方米以上，设备转运搬迁机动性高，地面流程集约简化，能够保障排量16立方米每分钟以上、多种液性交替施工需求，形成了集"即配即注、连续施工、远程输送"于一体的全自动生产线。以施工的达深21HC井为例，日最多压裂5段，创造了当时的记录。

井下配液厂管理技术人员探讨技术改进方式

井下作业分公司综合配液厂配液四队"铁姑娘班"合影

打造一体联动。2016—2018年,创新"仪表车发射指令—混砂车按需求响应—配送中心实时自动供液"的联动模式。全流程自动感应压力变化,水(液)量自动调节、按需配送,由人工干预转变为自动控制,实现了多区域无人值守。年施工能力突破400口大关。

信息智能控制。2019—2021年,通过获取混砂车脉冲频率信号,自动校正、调整添加剂泵送流速,建立以"混砂车配液"为核心的低成本配液模式,取消现场连续混配单元、储料设施,具有恒温储运、智能输送、远程操作功能,仪表车内即可操控压裂液配制,即时高效。2020年,完成大型压裂1230口,达有史以来最高水平。

从单井压裂阶段的百车奔鸣,到区域施工阶段的千米辐射。从"一体化联动"控制到"智慧互联"的高效指挥。现场配液实现了"自动化设备+手动设备"的多套分布格局，与固定站点和临时站点三点组网，区域覆盖，实现了配液资源配置专业化；利用淘汰设备对现有设备进行改造，逐步替换旧式手动设备，提高区域施工保障能力，实现配液站点专业化；深入开展全井场联动机制的研究，通过攻关橇装设备的改造和储罐、管汇无人值守联动装置的制作，确保配液设备设施信号共享等，实现设施配套专业化。

截至2024年，配液业务完成技术创新55项，施工能力不断增强，施工效率持续提升，安全质量全方位强化。配液效率提高约8倍，实现单日最高配液30000立方米产能，拥有9了个固定站点、29个移动车撬，施工覆盖大型压裂的每个角落。

"两册"在手　工作无忧

2014年,油田公司加强新时期岗位责任制建设,经过有益的探索和实践,发展形成了以"两册"为中心的一整套基层队(站)管理模式,有效解决了管理体系多,基层负担重,岗位标准不统一、制度落实不到位等问题。井下作业分公司作为第一批试点单位,积极响应油田公司号召,深入推进"两册"建设和应用工作,力求通过规范化、科学化、精细化、标准化、信息化管理,以解决基层多体系并行、管理要素交叉等实际问题,切实提升基层队(站)的管理水平和生产效率。

"两册"即管理手册和操作手册。以往,基层队技术员被大量重复的报表和记录填写工作量所困扰,每天填写、整理、上报资料需要2小时,且各类制度、标准繁复交叉,负荷大、效率低。分公司推广应用"两册"后,基层队需填报的资料、报表、台账等归并精简,记录、报表、台账数量平均精简率达31.8%,年迎检次数下降22.7%,一线岗位员工平均减负20%以上。基层队日常工作更加顺畅,工作职责更加明确、业务流程更加清晰、执行标准更加规范,资料、数据的录取质量和现场施工效率大幅提升。

井下作业三大队管理人员审阅编制"两册"

分公司高度重视"两册"的编制工作，由主要领导亲自挂帅，从机关、基层抽调实践经验丰富的干部、技师、班长等骨干人员22人组成编制团队。编制过程中，充分考虑基层队（站）的生产实际需求，按照坚持全面覆盖、坚持兼收并蓄、坚持化繁为简、坚持务实管用的编制思路，经过多次修订和完善，最终形成了一套规范、完善、实用的"两册"文本，为基层队的标准化管理奠定了坚实基础。

在此基础上，分公司281个基层队（站）全部完成编制"两册"，实现了所有单位、所有业务的"两册"全覆盖。

"两册"内容覆盖全面，具有极强的指导性和操作性。《管理手册》中主要包括基础信息、岗位说明书、管理制度、绩效考核及记录、报表和台账等内容，对基层单位基础管理资料进行了全面、系统性的总结，集中体现了分公司和大队的管理文化特色。《操作手册》中主要包括岗位说明书、操作流程图、工作内容、操作步骤、工作标准、考核标准和资料报表填写规范等内容，涵盖到员工操作的方方面面，成为员工应知应会的题库、岗位操作的宝典、规范基层作业管理的秘籍。

"两册"在基层队（站）统一了制度、标准和流程，约束岗位员工"上标准岗、干标准活"，不断完善岗位员工"要干"的行为标准，真正实现"事事有人管，人人有专责，办事有标准，工作有检查"。在运行中结合业务开展、制度标准、规程修订等情况及时更新"两册"内容，不断增强"两册"实用性、时效性、可操作性，让"两册"真正成为有用、好用、实用的工作手册。通过强化岗位责任制大检查和绩效考核，从大队、小队、班组三个层级全面推动日常工作由学"册"知责到照"册"履责转化，真正实现"'两册'在手，工作无忧"。

"两册"管理的实施,构建了规范统一、简约高效、便于执行的基层基础管理制度体系,使岗位职责更清晰、业务流程更精细、管理制度更科学、考核标准更准确、资料报表更简化,基础工作水平有了很大提高。在2019年集团公司井控检查中,检查组对分公司"两册"给予高度评价;同年,集团公司基础工作调研,对分公司"两册"管理的实施给予了充分肯定。

这种新的管理模式进一步丰富了大庆油田岗位责任制,是岗位责任制与现代企业管理的有机融合,使岗位责任主体更加明确,岗位职责更加符合实际,这种管理模式的推行,确保了分公司各级、各类管理规范性要求在基层得到有效落实。

"中央厨房"暖胃又暖心

民以食为天。可对分公司一线员工而言，吃得饱、吃得好，并不是件容易事儿。会战时期，填饱肚子都是难事，一个窝窝头得掰开了节省着吃。20世纪80年代，两个冰凉的馒头、一根火腿肠就是一顿口粮，在井场喝上一口热水都是奢望。进入21世纪，随着分公司的保障服务越来越完善，为进一步保障员工身体健康，对饮食标准也有了更高的要求。2014年，为积极响应油田公司提出的餐饮服务质量管理提升的总体要求，分公司成立"一体化配餐中心"，秉持"五个一流"的工作理念，打造集中采购、精细加工、冷链配送的一站式配餐模式，为分公司12个大队的187支前线小队提供专业化配餐服务。凭借采购成本低、食材品质优、用工人员少、服务效果好等显著优势，"一体化配餐中心"得到了分公司"中央厨房"的美誉。

万事开头难。为了借鉴成熟经验，配餐中心成立了专项调研组，深入机场航空配餐加工车间、餐饮加工企业中央厨房、采油四厂配餐中心实地考察学习，把先进的管理经验、成熟的工作流程带回来。为确保厂房设计符合分公司配餐实际需求，经过反复论证，确定了布局上的八大设计特点，设置了17个操作间，划分了粗加工区、切配区、半成品区和成品区，配备了标准的净水系统，以及洗菜池、洗肉池、洗手池等清洗消毒用具，购置了食品级白钢操作台及传送带等辅助生产设备，采用了双通道流动、U形摆放、闭环设置的先进安装模式，有效避免了食品污染、生熟交叉、误工等停等情况，保证了食品加工全流程的卫生规范。

井下作业分公司配餐中心工作人员进行配餐

集中配餐，咋能让全员都满意？坚持食谱设定精细化，才能让"众口"不再"难调"。结合季节气候、员工劳动强度、年龄结构等因素科学制定食谱，确定每周不少于5种谷薯、10种新鲜蔬菜、5种畜禽水产蛋类的科学配餐标准，坚持"八个每人每天""六菜一汤"的健康饮食要求，确保菜式丰富、科学营养。让一体化配餐满足员工的多样化需求，是他们始终坚持的服务原则。2018年3月，他们根据日常人体摄入需要，配餐中心初步确定了蔬菜7.2两、荤菜3.6两的单份配送标准，试运行过程中，陆续收到配餐菜量不足的反馈。基层的声音，就是改进工作的风向标。配餐中心第一时间成立专项小组，在充分走访调研的基础上，把单份配餐量调整到蔬菜1斤4两、荤菜7两的新标准，有效保证了一线员工的营养就餐需求。

随着前线配餐保障队人员逐年递减，业务量却不降反增，咋解决"一减一增"的矛盾？配餐中心向内挖潜，通过岗位配置系统化，积极应对"用工荒"。定下"干部顶岗、一岗多能、全年无休"的工作基调，重新划分"一体化配餐中心"基层队三种管理岗位的工作职责，队干部全部身兼数职，实现事事专人管。设置主食加工班、蔬菜加工班、肉禽加工班、餐箱清洗班四个专业化班组，将责任具化到人，实现事事专人做，全面提高工作效率。清晨5点，"一体化配餐中心"的院内就已灯火通明。厂房外，配送到前线的食材全部装上了车，1800份的食材创下了单日新高。厂房里，负责面案的员工抬头看了一眼钟表，时针指向6点，她不觉喃喃道："这个点儿，我儿子还没醒呢，眼瞅着都要小学毕业了，我还没给他做过早饭，没送他上过学呢。"说话间，白胖胖、热乎乎的馒头已经排着队出锅了。"明天停电，大家早来一个小时，一定要抢在停电前把食材加工好！"接到紧急通知，前线配餐保障队的队干部立马拿出了应急方案。2022年，凭借着"绝不让前线员工饿肚子"的工作理念，"一体化配餐中心"的干部员工在上岗人员不足半数的情况下，仍旧保证了配餐工作的正常运转。

  术业就要有专攻。集中配餐的顺利运行得益于6个专业化运行模式的推广。订餐模式专业化，执行提前2天上报配餐量的工作制度，超前做好统筹安排。采购模式专业化，统计各大队年配餐数量，提前预估全年需求，发挥集中采购优势，打好价格审查的"铁算盘"。入库模式专业化，做好食品入库前的安全质量验收，主副食库管理由专人登记，确保进货食品及原材料100%可追溯。加工模式专业化，固化肉类、蔬菜、主食3套加工流程，明确36道工序标准，确保工作有据可依、有章可循。配送模式专业化，明确分拣装车、食材送达的具体时间点，确保北至丰收、南至大同、东至新村的12个分公司所属大队，能够准时准点收到新鲜食材。车间保洁专业化，对工用具、菜墩等存放方式和操作间清洁程度进行明确规定，确保配餐工作在干净无尘的环境下进行。

井下作业分公司配餐中心工作人员进行配餐准备工作

没有规矩，不成方圆。为了让制度建设标准化深入人心，陆续建立了《设备清洗消毒制度》《食品仓储库房管理制度》《厂房卫生管理制度》等26项规章制度，制作了919块功能指示板，细化生产流程，规范加工标准，帮助员工迅速提升操作水平。针对自动化设备潜在的安全风险，设置安全警示标识1597处，明示安全操作区域，有效隔离安全风险。严格执行食品留样制度，配备食品专用留样冷藏柜，明确0~6℃的恒温要求，对每批食品进行48小时留样，确保食品安全可追溯，有力保障食品生产安全。

分公司"一体化配餐中心"在专业化配餐的道路上不断探索、精益求精，用实际行动诠释了"专业的人做专业的事"，为前线员工提供了坚实有力的"粮草保障"。

当好"血液中心" 专注润滑服务

分公司作为专业技术服务企业，是油田的"设备大户"。分公司的设备主要以活动设备为主，且石油专用设备多、作业施工范围广、施工环境恶劣，加之自动化设备的配套、安全环保标准的提高，给设备润滑工作带来了诸多挑战，传统的润滑管理已无法满足设备润滑需要，如何能让这些设备发挥出最大的效能成了急需解决的问题

2015年，分公司首次提出润滑专业化管理理念，按照"归口管理，专业运行，资源共享"的思路，筹划建立南区（压裂大队）、北区（生产准备大队）两个集中润滑站，2016年两站正式投入使用，集中为分公司各单位活动设备开展油水加注、清洗保养、状态监测等服务。

井下润滑站油品检测实验室

润滑油站虽说不大，但是功能俱全，尤其装备堪称"硬核"。它的加注车间就像是医院里的"血液库"，一排排标记好油品型号的加注枪，精准匹配各型设备。自控加注系统，集过滤、加注、回收、精准控制为一体，具有自控程度高、计量精度高、加注速度快等特点。油品化验室就像是"检验科"，10多台先进的检测化验仪器，能够对润滑油品各项理化指标、污染度及设备磨损情况进行快速、专业的定量检测。总控室是"导诊台"，每台设备润滑油的加注指令都从这里发出，同时能够监测泵区各储油罐的油位信息，换油后的结算单据及月、季、年度报表也在这里生成。

润滑站不但设施"硬件"硬，管理"软件"也同样硬，润滑站依托信息化优势，与分公司设备管理部、信息中心共同设计研发了集计划管理、加注管理、油水检测、旧油回收等8项功能为一体的"设备润滑管理信息平台"，实现了各项业务的网上办理，综合效率提高了1倍以上。过去，遇到高峰时间段，来润滑油站换油的设备就得排队等，现在好了，换油、加注、油品检验都可以通过网络提前预约，省时又省事。这正是润滑站采用的"预约挂号"服务带来的新变化。

总控室内还为每台设备建立了"病例"，收集"加注档案"，每台设备的润滑资料、油水信息、加注量、设备运转情况、加注时间……啥时候该换油、设备运行情况怎么样，一查就知道，再结合历史加注记录及状态监测的检测结果，为每台设备制定个性化润滑方案。

装备设施好，服务管理更要过硬。建站以来，润滑站以"专心、精心、贴心，为美好生活加油"为服务理念，提供全方位、全过程、全心全意的服务。

由于润滑站体量大，年润滑加注、检测油液服务任务重，为了高质高效完成好相关服务，他们投入到探索润滑油全寿命周期管理工作中。经过4年的探索，通过合理延长换油周期、油品国产化替代、桶装油品替代小包装油品等多种尝试，历经整合分析上万条数据、数百次实验后，最终将钻采特车换油里程延长至10000公里，运输车辆延长至12000公里以上，润滑效率大幅提高，润滑效果显著提升，还节省了高额润滑油的消耗和设备修保支出。

2021年6月，搬家二队北方奔驰载重汽车到北区润滑站更换发动机机油。施工结束后，加注工在对润滑加注情况例行检查的过程中，发现机油尺下方转向机油壶上盖未盖严，于是工作人员建议司机对转向机油液进行检查，经过细致的人工检查并结合仪器检测，发现油液的各项指标不合格。一句贴心的提醒，帮司机消除了一次较大的安全隐患。

井下润滑站集中换油

"喂，您好，这里是井下润滑油站，请问8月16日来换油后，设备现在运行情况怎么样？"调查用户对入站换油服务的满意度，了解用户需求，发现问题及时整改也是不可或缺的一项。在润滑服务过程中，加注员时常会为用户提供很多贴心的服务。比如发现螺栓松旷、零件异常磨损、线路脱落等情况时，他们会及时提醒，并帮忙排除故障，因此经常被夸赞技术过硬、作风严实。

多年以来，润滑站在贯彻执行"笃行有为，润物无声"的工作理念，总结梳理出以"网上预约、进站加注、完工验收、废液回收"为核心的"4项17点"润滑工艺，通过专业润滑，有效提高设备使用效能，设备完好率由95%提升到98.5%。改变了以往润滑油"桶倒泵抽"的领用方式和"按季换油"的润滑模式,油品加注环境、加注精度极大改善,废旧油液得到集中统一管理。通过合理延长换油周期、油品国产化替代、统一品牌型号等方法,润滑油消耗成本及设备修保费用大幅降低。北区润滑站连续多年被评为"大庆油田设备管理示范基地"。

为前线生产备好"粮草"

古语以"兵马未动粮草先行"比喻在做某件事情之前,提前做好准备工作。正如企业的物资保障工作,也有其异曲同工之意。一直以来,分公司大力推进素质提升工程,着力打造一只集约化、信息化、专业化服务型物资保障队伍,为前线生产备好"粮草"。

代储代销,降本增效。2016年,分公司在充分调研修井机配件保供难题后,决定成立修井机配件代储代销中心,强化修井机配件保供,实现代储代销和快速出库功能。何谓代储代销?简单来说,就是创新保供理念,将所需的物资,代为储存,代为销售,等用了之后再付款,不占用资金,降低库存。如何快速出库?就是通过先进技术应用,将信息化技术引入到"收、发、存"每一个环节,只要用机器"扫一扫",按照提示找到需要的货物,自动进行信息比对,完成出库。代储代销的运营模式使分拣效率提高85%,采购价格平均下降9.6%,占用资金大幅下降,配送时间从20天缩短到15分钟。

2016年8月,集团公司物资采购与招标管理工作现场会在大庆油田隆重召开,修井机配件代储代销中心作为集团公司物资工作会议指定参观点，得到了与会代表广泛赞誉！

2018年11月，集团公司物资仓储管理工作等级评价集中评审，到井下物资管理中心物资中心库开展工作，对分公司先进的信息化"微平台"管理模式给予高度的评价！

精心策划，预约先行。"物资管理工作容不得一点马虎，把琐碎的基础工作精细到极致"。2018年，通过积极探索高效的预约方式，建立工作网络平台，将供应商、物资供应站总库、需求单位基层队纳入验收体系。供应商通过微信平台进行预约，工作人员按照物资种类及需求紧急程度，统筹规划供应商送货时间，提前准备验收资料，明确仓储库位，避免了供应商集中送货。需求单位在线查询验收情况，及时申请调拨配送，促进仓储物资的动态流转，验收工作效率较以往提升20%以上。

简洁流程，编码管理。《井下作业分公司常用物资编码库》和《井下作业分公司常用物资质量标准库》是合规化管理的两项法宝。分公司持续完善两制度的制定，大大避免了合同签订不规范、合同执行不严格等可能导致经济损失和法律风险的问题出现。规范化管理也让各个部门之间能够方便地共享物资信息，提高了供应链管理的协同效率，让各单位制定更精确的采购计划，降低采购成本。

井下物资中心标准化库房

　　压缩库存，优化配置。"六平一代""集中调拨""先平库后采购、物资先进先出"。分公司统筹物资管理时，集中调度库存物资，让库存储备功能更加完善，杜绝了新的积压。在逐步压缩非生产库存物资储备额度的同时，降低了无动态库存和积压物资比例，促进了仓储资源有效利用。加大分公司内部仓储物资共享力度，有效落实执行措施，无动态物资调剂使用，无动态物资清零，超额完成油田考核指标。

　　物料直达，现场为王。随着特种部队服务油田步伐大步迈进，2023年，分公司全力推进物资保障服务直达前线，协调中标厂家物资直达页岩油、致密油现场。引入信息化手段，实现前线现场人员和后线专业验收人员7×24小时在线对接，对验收全程进行指导、数据备案记录，通过与生产各部门紧密结合，调度物资有序出入，紧盯各项物资数据，对库存及时预警，实现了物资入库"零延迟"，物资领用"零等待"，物资质量"零投诉"。保障了直达现场物资入库及时、合规、受控，为页岩油前线生产提供了强有力的物资保障。

井下物资中心工作人员盘点物料

分公司着力打造"科学、高效、优质、合规"物资保供团队，超前布局，满足主要需求物资共涉及 51 个大类、1700 余个品种。其中，与生产密切相关的物资涉及 12 个大类，520 余个品种，约占采购总量的 90%。物资计划准确率达 99.5%，综合招标率 99.1%，三级物资采购资金节约率 8.3%。通过强化集中管控、优化管理方式、推进降本增效，持续备齐优质"粮草"，搭建高效"供应链梁"。

特效处理 "修"字在先

修井机、连续油管机等特种作业设备是油田服务中的重要装备。无论是日常维护还是井下复杂作业中，它们都扮演着关键角色。60年来，分公司一直致力于为前线生产提供高效、安全、可靠的修井设备，设备的维护保养尤为重要。

2016年，分公司积极推动修井机专业化维修，以特种设备修理厂三车间为班底成立修井机专业化维修中心，促进保障链条优化简化、强化生产方式变革，持续与江汉四机厂、东方先科等厂家进行配件代储代销合作，缩短供货周期。维修人员指着身边一台正在维修的修井机说："这个需要更换的传动系统取力器，以前从位于武汉的江汉四机厂发过来到我们手里至少10天，如今1天内就能领到手，这就是效率。"厂家保供、联合修理模式的快速应用，让修理时效提快了近5倍。

让专业的人干专业的事，是对专业化维修技能的最好解读。2017年8月，前线大队送来了一台报废了将近六年的修井机，让其重新上岗。为此，技术攻关小组反复研究修复方案，分别从电路、气路、液路等系统，对每一个元器件进行检修，由于高度过高不能进车间，维修都是在户外进行的。30多度的室外温度，修井机上沾的石油都被晒化了，工作环境脏、热、滑，给检查维修带来了一定的难度。前线的需要就是命令，生产保障责无旁贷。200余个零部件，60余条气路，10余人的修理团队，车间加班加点，用了二十天，这台进厂时全是零散部件的80T修井机，硬是让他们重新组装修复起来。

井下作业分公司特修厂员工维修大型设备

在分公司的指导支持下，通过不断夯实发动机技术、底盘技术、电子技术，强化检测与诊断技术的开发应用，现已形成4个模块27个单元修理流程，构建了完整的修保体系，从2016—2024年，已累计为前线修理各型设备8000余台次，修井机、特种车辆即修即走也逐渐变成了可能，专业化维修方式大大保障了前线生产。

连续油管作为一项高端特色技术，在油气开发过程中的优势越来越明显，其业务已覆盖压裂、快速作业、修井等多个领域，既实现了带压环保的机械化作业，又成为增储上产、降本提速的重要技术手段。2021年之前，分公司在连续油管设备维修保养、物资储运、管材检测、技能培训、工具研发等方面还比较薄弱，加快建设专业化连续油管维保意义重大，势在必行。

2021年，分公司职代会上提出了"扩大连续油管业务规模，提升自主化保障能力"的战略要求。

4月1日，分公司主要领导带领相关部室来特修厂现场办公，实地考察厂区厂房、设备设施、修保能力，集中审议《连续油管维保基地建设规划》，对连续油管保障业务进行了明确定位，对建设项目的牵头领导、责任单位、配合部门的任务分工提出了具体要求，对下步工作推进计划及时间节点提出了建议意见，本着"能力最佳化、设计最优化、投资最小化、保障专业化"的原则以特修二车间为班底筹建连续油管维保基地。

连续油管维保基地要做什么？分公司给出了明确的定位：以集专业设备维修、保养，连续油管倒取、检测、报废、存储功能为主，操作人员培训等多功能为辅的一体综合型保障基地，包含多功能展厅、维修车间、培训教室、倒管存储场地等多个服务模块，可以满足多类型保障服务及人员资质培训需求。

2022年3月，连续油管维保基地接到首次维修任务。前线一连续油管机发生故障，由于正处于页岩油上产关键期，必须在两天之内修复好。车辆入厂后经检查判断：注入头夹持块轴承严重磨损需更换。时间紧、任务重，60块链条，120个轴承，24个小时，5个人，无疑是巨大的挑战。但万变不离其宗，再精密的机器，也离不开齿轮精准的咬合。几番思索后，维修方案已出：查找图纸，确定好整套固定销的位置。制作专用工具，匹配狭小空间操作。结合工艺特点，5个人按照2-2-1编组模式进行分组，优化拆装、换料维修流程，一系列组合拳打下去，上万次大锤砸击，维修速率果然提了起来，提前8个小时就完成了修理，用专业的态度，解决了前线的燃眉之急，首次任务取得了"开门红"。

2024年4月，连续油管倒管场地顺利通过开工验收，千米"长龙"成功入盘，专业化倒管设施使整体倒管时效提速约20%。连续油管倒取、检测、报废、存储功能正式上线，标志着连续油管维保基地建设进入加速阶段，连续油管维保业务发展掀开了新篇章。

井下连续油管维保基地

连续油管维保基地建立了专业的维修、保养、检测、报废流程，提高了设备使用率。通过内部维保，降低了连续油管施工成本，起到了降本增效的作用。同时，将新旧连续油管集中存放、报废，便于管理，解决了目前连续油管队伍没有专用倒管场地的问题，为推动分公司连续油管业务水平发展壮大，达到国内领先水平，贡献了维保力量。

党务"教科书"

全面从严治党是党的十八大以来党中央做出的重大战略部署,特别是2016年习近平总书记在国有企业党的建设工作会议上指出,坚持党的领导、加强党的建设,是我国国有企业的光荣传统,是国有企业的"根"和"魂",是我国国有企业的独特优势。这对企业党建提出了新的要求,在开展基层党建调研过程中,很多基层党支部书记反映说:"我们也想把基层党建工作开展好,但是不知道具体在哪些工作上做改进,需要改进到什么程度,要是能有一个统一的、具体的标准化模板就好了。"对于此类问题,建立一套行之有效、切合实际、覆盖全面的党建管理标准势在必行。2017年初,分公司党委启动了党建工作的标准化体系构建工作,即"四册一本"。

"四册"主要包括分公司党委《党建工作手册》、大队级单位党组织《党建工作手册》、党支部《党建工作手册》,以及《党风廉政建设工作手册》,"四册"均围绕党的基本知识、基础工作等内容,按照工作目标、职责任务、程序方法、流程图、原始表单等模块进行设计和阐述,详细介绍了基层组织建设、党的基层组织换届选举、发展党员、党员教育管理等各项基层党组织工作的程序、标准和要求，系统解答了各级党组织书记、党群部门和党务干部应该干什么、应当怎么干、干到什么标准，达到规定动作"一看就会"的目标，为打通基层党建"最后一公里"提供了工作指南、奠定了坚实基础。

"一本"即《党支部工作记录本》，是将以往基层党支部"三会一课""主题党日""党员公开承诺"3大类、67项党组织及党员活动工作记录整合在一起，形成具有井下特色的《党支部工作记录本》，实现了基层党支部基础工作资料的规范化、标准化。

在"四册一本"从构建到不断完善更新、持续梳理简化流程的应用实践中，分公司党委以落实新时代党的建设总要求为根本遵循，建立以党委班子引领带动、党群部门组织推动、基层党组织同频互动为架构的"三级联动"推进方式，以找准基层党建工作中的薄弱环节，找出提升基层党建工作水平的工作方向为目标，先后多次召开基层党建工作集中调研会，通过深入研读制度文件192个，4次集中论证、7轮反复修改、多角度意见反馈，形成印发版本。"四册一本"，层级上涵盖分公司、大队党委、基层党支部三级党组织层面；内容上对标党的政治建设、思想建设、组织建设、作风建设、纪律建设＋制度建设、反腐败斗争

"5+2"总体布局的实践要求；结构上体现了工作目标、职责任务、程序方法、业务流程、检查考核、原始表单等7大模块，规范了党建工作流程、严肃了党内组织生活、丰富了党建活动载体。

井下作业分公司党建工作"四册一本"手册

在形成前期初步文本后，为保证顺利流畅地全面推广应用，2017年9月，选取修井107队党支部、作业102队党支部、压裂一队党支部等10个党支部为试点单位，开展了为期3个月的试点工作。试点过程中，更改原始表单37张，重新梳理工作流程21个，补充检查考核点项42项，为全面开展标准化建设提供宝贵经验参考，推动基层党建工作标准化规范化建设由点到面、整体提升。

2017年12月，分公司党委将"四册一本"融入党的十九大新要求后正式发布，并在分公司范围内全面推广，运行过程中又进行了3次修订改版。基层党支部在使用过程中普遍认为："四册一本"既有宏观的理论指导，又有具体的工作制度与方法，进一步明确了党建工作流程，提升了党建工作标准，是党务工作的"教科书"！

"四册一本"推行以来成效显著。分公司《党员分类积分管理课题研究》《深化党支部达标晋级管理实践研究》等课题，获油田公司党建课题研究成果一等奖、集团公司优秀党建研究成果二、三等奖；分公司党委在油田党建责任制考评中，连续多年名列前茅；先后孕育出以修井107队党支部、压裂一队党支部、作业102队党支部等油田示范党支部为代表的一大批省部级以上先进集体；涌现出以蒋德山、臧顶柱、穆超、盖立佳等为代表的一大批省部级以上先进个人。

特种作业"顶压"前行

2017年,分公司紧跟油田开发新形势、新变化,强化顶层设计,细化能力转换调整措施,制定了带压作业业务发展规划,在"突出核心技术、攻关急需技术、储备前沿技术"的创新发展理念下,通过"做强带压压裂、精通带压修井、过硬气井带压"的三个大跨步,创下了带压作业的优质口碑。

作为分公司的专业化带压作业队伍,特种工艺作业二大队始终走在带压作业新工艺新技术的前沿,通过优化压驱工艺压裂液体系,解决了大型带压压裂周期长、液体总量大、影响地层及临井压力的问题,提高了薄、差、致密层油层渗透率,让原油采收率得到再次提升。

只有技术上进步,才能获得长足发展优势。2016年刚开始进行带压作业时,受"气温低于-15℃,不应进行带压作业施工"的技术限制,一到冬天就被迫停工,大量生产力"无用武之地"。2018年,采用电伴热+蒸汽解冻技术,初步实现了带压作业冬季施工,单日有效施工时间小于4小时;2019年开始,进一步探索出热风保温技术,冬季单日有效施工时间达8小时以上,施工时效提升210%,彻底解决了冬季低温对带压施工的影响。

井下特种工艺作业施工现场

没有金刚钻，不揽瓷器活。带压作业工作人员立足生产实践，着重攻关带压压裂工具。2024年，"量身定制"带压冲砂阀，先后在C2-P102井、B1-D6-CSXP25井现场试验，首次实现了油田带压反冲砂作业，有效规避环境污染，单井时效提升20%以上，还相继完成了新型喷砂器水眼、压后内防喷工具等多项的工具创新，在原有注水井带压作业技术基础上，完善了水平井体积压裂、极限限流压裂、小直径油管水力喷射压裂和小直径双封单卡压裂等多项工艺技术，固化了带压压裂的完整工艺链，探索了带压作业远程一键智能化操作，为带压作业持续蓄能。

精益求精，打造"技多不压身"优势。随着油田精准挖潜、绿色高效作业需求的不断加大，将修井与带压作业进行深度融合，成了迫在眉睫的重要课题。分公司把带压修井业务作为攻坚重点，组建带压修井专项小组，学习国内外先进技术，与油田内外的同行深入交流，完成了带压修井设备配套方案、带压修井工艺技术、工具配套方案和带压修井工艺技术调研报告，为形成带压修井能力提供了基础数据。

带压修井，要有自身特色才能站得稳脚跟。为了把带压修井技术吃透、用好，相关技术人员开展了大量的现场施工试验，针对高压套损、管柱上顶等类型故障井，通过现场试验，研制出集修井机、修井顶驱和带压起下装置于一体的集成式带压修井设备，形成了独具特色的带压修井工艺技术。

井下作业分公司致密油二氧化碳蓄能压裂施工现场

迎难而上，打造"前沿技术"优势。气井带压是井下作业技术发展的新亮点，为了确保这项"前沿技术"能够发挥作用，相关技术人员从核心技术开始攻关，形成了对冻堵材料、冻堵工艺、解冻工艺的统一认识，制定气井带压冻堵换井口操作规程，将成功率锁定在100%，换井口时效提高50%。进行气井带压井下工具的研发和配套，研制出安全防喷器组及升高短节、耐高压特殊油管挂、缓冲式倒扣伸缩补偿器，解决了起下大直径工具串和未堵塞尾管等问题，减轻了大重力管柱对井口的负担，极大提升了气井带压施工的可操作性。

生产实践是检验技术的最好演兵场。从气井带压完井施工，到气井带压打捞、带压钻磨铣施工作业，分公司带压作业一步一个脚印地不断进步，打造了气井带压业务的金字招牌。2024年，顶着22.5兆帕以上高压，适应零下40摄氏度以下低温，"大庆井下"又一次挑战极限、突破自我，在油田重大科技项目——致密油二氧化碳蓄能压裂技术研究与试验中首试成功。

顶着压力，一样能干好。凭借着这股不屈不挠的劲头，特种工艺作业二大队在带压作业领域取得了累累硕果，收获了如潮好评。用匠心打造技术，用技术引领未来，在高质量发展的征程中，他们一路"顶压"前行！

攻坚"南一区"

在油田开发过程中，套损井治理一直是困扰各大油田的难题。大庆油田的吐砂井和错断井问题尤为突出，不仅影响单井产能，还对整个区块的储采平衡构成威胁。

南一区西部面积17.8平方千米，油水聚合物驱井网6套，总井数2498口，2017年证实套损井1372口，套损率55%，影响产油能力30万吨以上。

按照"顶层设计、统一规范、集中管控、整体推进"的工作方针，分公司于2017年10月16日成立大修井项目经理部，强化技术集成、统筹资源共享，攻坚南一区西部套损井治理。

"疑难套损井套管弯曲、长井段套损、多点套损、地层吐砂。"这里的套损井毛病多且复杂，仅靠单个修井大队孤军奋战很难完成任务。多兵种参与、全员化参战，才是攻坚制胜的法宝，而作为修井部队的"参谋部"，如何组织规划好这些队伍，拿出应有的战斗力，在南一区块插旗立标，运行重建成了首先要打破的自我瓶颈。

在广泛调研的基础上，分公司探索出"四组三制"运行模式。下设"技术组、计划运行组、监督保障组、业务综合组"四个专项管理组,通过结合业务需求,制定多项标准,确保功能得到充分发挥,业务平稳有序运行。

实施专家驻井承包制。统筹组建修井技术专家组,按照各自技术特长,专人专井、全程指导,24小时驻井值班,协调小队需求,组织技术研讨,保障现场工具,打破单位界限,确保优质高效运行。

实施每日技术例会制。每日在南一区前线指挥部召开,由项目部牵头组织,各施工小队、驻井专家、技术人员全员参加,施工进度及时通报、疑难工况实时会诊,有效提高工序一次成功率。

井下作业分公司冬季修井施工现场

实施专项考核激励制。重点根据施工时效、成功率等关键因素,对南一区与回攻井的施工队伍进行奖金考核激励，同时每季度对三个大队进行综合排名，引进内部竞争机制，同台竞技、技术比拼，促进修井技术与施工时效的进一步提高。

任何成功都不是一蹴而就的，满意答卷的背后，往往沉淀着经年累月的积累和不为人知的汗水。

24小时跟踪，满负荷运转。从梳理修井工序运行链条，到实施资源集中管理、统一调配，从"接收施工方案"到"综合评价分析"。13项关键工序，15个重要节点，全流程节点控制，保证了运行时效的进一步提升。单井施工全过程进行工序写实，整理归纳套损区整体治理情况，形成图片库，建立特殊井案例集，对终止井进行重点分析，为二次施工提供真实修前数据保障，"参谋部"的作用得到了最大限度发挥。

通过南一区西部阶段性集中治理，创新形成强制扶正磨铣、水力喷射等综合治理新技术，套损区普修井平均单井施工周期相比缩短1.58天；套损区深取井平均单井施工周期相比缩短11.4天，助力区块年多产油30.8万吨。

随着开发年限的增加，大庆油田面临着疑难井大幅增多、施工周期拉长、各项投入加大等不利形势，修井业务发展受限的同时，更要面对施工任务年年挑战"新高"的严峻考验。分公司通过内部挖潜、优化结构、辅助业务与生活保障专业化等方式,在前线人员不增的前提下,平台化队伍增加至12支。这12支平台化队伍,具备全年多施工近300口井的生产能力,形成了疑难井攻关与生产提速双线并行的高效运行模式。

针对修井施工特点,将主要核心业务和辅助施工业务进行专业化分工,热水保障、管杆清洗回交、集油围堰铺设等低端工序交由专业化公司保障,实现了主辅分离,极大地提升了有效施工时间。同时,开展生活保障专业化服务,解决了前线厨师缺员的现状,将更多有效劳动力补充至一线,保障了平台化队伍的不断推广。

针对油田内部吐砂井、压力高井数量逐年增多、比例逐渐增大的情况,配套连续油管修井队伍,开展连续油管修井技术攻关,满足了油田压力高井、吐砂井治理需求。在南4-21-P25井进行连续油管冲砂报废一体化施工中,仅用16小时治理成功,填补了油田此技术空白,极大地提升了施工效率。

编制《大庆油田井下作业施工规范化管理手册(试行版)》,形成了可视化的检查标准表单,特别是优化了修井标准化搬迁转运流程,平均单井减少车辆2~3台,搬迁效率提升7.8%。《修井井号方案分配制度》《疑难井井次考核办法》等10余项制度与流程,增强了修井队伍的连续作战能力，进一步提高了运行效率、缩短了施工周期。

2017年，修井1886口，疑难井修复率较初期提高37.5%；2023年，修井2537口套损井治理成功率达94.6%。2024年，修井2650口，提前27天完成分公司全年计划目标，其中，疑难井治理成功率由77.5%提升至92.86%，完成率和治理率均创历史新高。

"质"的飞跃撬动"量"的新高，"急油田所急、想油田所想"，分公司着眼修井技术的进步和传承，在高质高效扎实推进油田疑难特殊井治理的征程上，全力贡献井下修井力量！

征战华北 扬"煤"吐"气"

2018年，分公司明确提出了"加快走出去步伐，不断寻求新的市场机遇，努力构筑适应市场竞争要求的技术、管理和品牌优势，全面实现外部市场效益的稳步增长"的发展思路。6年来，在顶层设计的有力引领下，华北市场相关业务领域快速拓展，取得了丰硕成果。

从大漠戈壁、冀中平原到黄土高坡、巍巍太行，从"蹒跚学步"到"羽翼渐丰"，从无到有，从弱到强，一个个区域，一项项业务……到处都记录并见证着井下铁军战天斗地、勇闯华北市场的坚实足迹。

丈量市场脚步不停，敢闯才有路。2018年6月，分公司成功与华北油田位于内蒙古地区的外围市场化区块二连分公司签订了修井技术服务合同。"顶层设计、统筹管控、轻量配备、高效运行"。华北项目明确了"优化管理职能、优化生产组织、优化运行保障、优化持续开发"的措施，受到了甲方认可。拥有了未来5年华北油田下属区块各类工程及技术服务项目的优先参与权，为下步全面进入华北油田市场打下了坚实基础。

2019年，通过优质的现场施工和良好的商务运作，华北项目部终于打破了属地技服的市场保护壁垒，与甲方达成了全面深入合作的共识。由常规普修发展到大修、小修、浅井取套、开窗侧钻等，队伍规模从建立之初的两支大修队发展至6支大修、6支小修队伍，一跃成为当地最大的工程技术服务承包商。

针对严重吐砂井和错断井，创新应用开窗侧钻工艺技术，同时起用加重钻杆和钻铤提升钻进速度，针对不同物性储层，优化组合开窗工具并适时调整钻井液相对密度，提升钻进效率，修井成功率由不足50%提升至80%以上，并且成功实施了当地最难且具有标志性的两口开窗侧钻井，侧钻深度达到335米的阿418井和P110钢质、10.17毫米壁厚套管开窗侧钻的哈4-216井。施工成功率和施工质量全面超过其他所有大修队伍，进一步站稳市场。

高耸的井架，轰鸣的机械，红色的工服，"大庆井下"的旗帜在华北大地迎风招展。当年完成大修40井次、小修108井次，迈出了分公司修井以技术闯市场的重要一步。

2020年，新冠疫情暴发、油价暴跌，甲方大幅度缩减大修井投资，而小修业务更是遭受重创，全年"0"工作任务。大修业务长期等停、小修业务最终被迫暂时撤出华北油田市场，高额的固定成本让项目生存岌岌可危，相关业务进入"至暗时刻"。

为破解发展困局，分公司坚定开拓新市场的信心，果断瞄准华北油田周边市场，充分调研市场现状及开发需求，开发潜在客户。

冀东项目是分公司第一个区块承包措施增产项目。项目部联合分公司地质技术专家，完成冀东油田一体化区块挖潜的方案设计和7口井的生产组织，在合同审批完成并生效的第三个工作日即进行第一口井现场施工并顺利完工，其中32–45井稳产达到15吨。

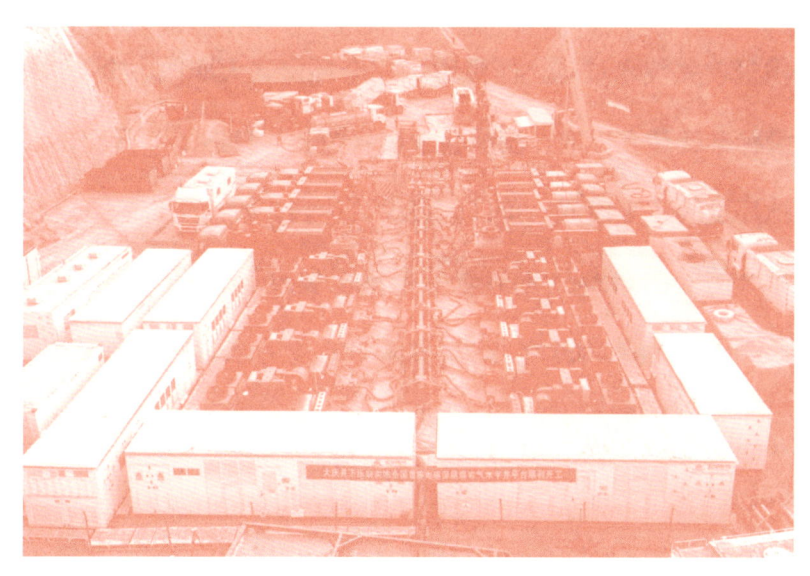

井下华北煤层气电驱压裂施工现场

中国海油中联煤致密气项目在"新环境、新甲方、新模式"下，为甲方量身设计了"缝网压裂+桥塞射孔联作"施工工艺及低温低黏压裂液体系，成功在临兴区块完成3

口井6层缝网压裂任务，日均产气10万立方米，产气量达到甲方地质目标的1.5倍以上，成为该区块唯一一支达到并超过甲方地质预期的队伍，施工过程、压后效果都在该区块树立了新的标杆。

中国石油煤层气有限责任公司保8井区亿方产能建设项目，共布置4个平台55口井，是集团公司2021年重点项目，是国内首个亿方煤层气产能建设平台。

面对甲方水平井压裂没有施工标准可参考的难题，华北项目部把"井下压裂工厂"搬进大山深处，高效组织生产，积极攻关技术难题，严抓现场安全环保，大胆闯、全力拼，没标准就建立标准，没经验就积累经验，打造了一套契合当地环境的施工模式。单日压裂段数达到5段，压裂时效提高了3倍。在吉2-51向6老井重复压裂改造中，创造了单井单层压裂用液3000立方米、加砂300立方米的施工纪录。

苦吗？累吗？一定是的；后悔吗？退缩吗？一定不会！就是在这样步履维艰的情况下，华北项目部迎难而上，成功进入6000多平方公里的煤层气市场，开辟了未来近十亿元的产值空间，实现了逆风翻盘。

吉深14-5平台是"国内首个深层煤岩气水平井压裂平台"，国家有关部门、集团公司都非常关注。可以说，这个平台压裂效果的好坏，是检验"铁军"底色的关键一战，关系能否在日趋激烈的市场竞争中站稳脚跟。无人机航拍精确规划现场布局，精益求精的物料质量管控，最高效精准的防套变举措，半拉链式轮转作业模式，井下铁军最高的服务标准，来诠释井下铁军的大局担当。现场百余名员工，近百台设备设施协同作战，施工终获喜人效果。

日施工2段，单日最高施工3段，单层加砂量500.1立方米、液量4591.1立方米、排量20立方米每分钟等国内煤气田压裂施工高效指标；两口井日产气量已突破16.3万方，获高产气流，取得了"施工规模"和"压后高产"双丰收的骄人成绩，为中石油煤层气公司深层煤层气千亿方储量从"探明"到"效益动用"提供了有力技术支撑，创造了国内深层煤层气水平井施工纪录。

该平台成果被《中国石油报》盛赞为"突破世界级开发禁区，引领产业新技术革命"。

超大规模+桥塞射孔联作改造方式，应用拉链作业模式被甲方定为深层煤岩气水平井压裂标准，中油技服、延长石油等10多家技术服务公司和产建单位前来学习调研，大庆井下的红旗开始在更广阔的神州大地上猎猎作响。

在稳固已有华北油田大修市场的同时，成功开发油水井弃置井、裸眼井封井业务，首次应用超短半径侧钻水平井技术，创新以"膨胀式尾管悬挂器+非标套管+筛管"

方式完井，投产初期日产量提高 5 倍以上，增油效果尤其显著。通过自有队伍与市场化队伍联合的形式，小修业务重返华北市场。

2024 年，积极推进"国内首座电驱深层煤岩气平台"吉深 11-7A 平台压裂施工，对国内深层煤岩气绿色低碳发展和大吉深层煤岩气国家级示范区建设具有重要意义；吉深 8-7 平 01 井前置二氧化碳成功压裂，为后续二氧化碳压裂在深层煤岩气资源开发中推广应用打下坚实基础。

从无到有，从弱到强。通过建立区域制项目四级管理，打造人才、技术、合规、成本、效益"五位一体"模式，积极开拓外部市场，树立"华北品牌"。精耕"技术＋服务"优势，加快技术服务升级，以特色技术赢效益，以优质服务赢口碑，产值规模，实现外部市场收入持续攀升。年突破上亿元，到 2024 年达到 3 亿元以上，一次次创新突破换来一次次圆满收获，实现了从低效益向高效益业务的华丽转身！

勇者无畏，行者无疆。华北将士们不畏重重挑战，用技术、质量和信誉叫响了"大庆井下品牌"，以"不怕困难，敢于亮剑"的豪迈与从容，以井下铁军的雄伟身姿、钢筋铁骨，励精图治，奋勇拼搏，从"走出去""走进去"，进一步实现"走上去"，走出了一条汗水浇灌的鲜花之路，唱响了一曲勇闯市场的时代壮歌！

"铁军大讲堂"讲得心里亮堂堂

作为大庆油田的"特种部队",分公司始终践行着"铁肩担大任、铁心保稳产、铁志做贡献"的价值观,书写了一个又一个传奇篇章。当"铁军大讲堂"的帷幕拉开,背后的艰辛、前路的挑战,以及那份始终不渝的铁军精气神得以充分展现,以充满力量与激情的讲述,与听众一起探寻一段段鲜为人知的奋斗故事,感受那份沉甸甸的铁军情怀。

井下作业分公司铁军大讲堂

2018年,井下作业分公司宣讲团走进由大庆油田党委宣传部主办、井下作业分公司承办、油田文化集团协办的第18期"铁人大讲堂",讲述了鲁迈拉修井项目部的先进事迹，述说了成绩背后不为人知的创业艰辛。一期"铁人大讲堂"，一段动人心魄的奋斗史，不仅外塑了分公司的良好形象，更在分公司上下大力弘扬了铁军精神，形成了浓厚的文化氛围，成了井下人的美好回忆。

员工是企业的宝贵财富，员工的知识水平和精神风貌，直接影响着企业的未来发展。2024年，分公司党委基于深化企业文化建设、提升员工职业素养和激发团队凝聚力的考虑，决定开展"铁军大讲堂"活动。该讲堂遵循"贴近实际、服务员工、提升素质"的原则，通过邀请行业内外专家进行专题讲座，拓宽员工知识视野，提升员工职业素养，增强团队市场竞争力。这一决策，不仅体现了分公司党委对员工成长的关心与重视，更彰显了对分公司长远发展的深思熟虑。分公司主要领导亲力亲为，不仅为大讲堂的顺利举办提供有力的组织保障，还亲临讲堂，与员工一同聆听、共同学习。他们的身体力行，既为员工树立了榜样，也激发了员工干事创业的热情。大讲堂的学习氛围愈发浓厚，员工的学习积极性空前高涨。

从油田公司新闻发言人宋传修"讲好大庆故事—赓续精神血脉"专题讲座、分公司党委书记分享切身体会，到著名词作家胡宏伟"歌声中的党史"专题党课，再到大庆市公安局油田分局防范指导大队大队长孔德山警官作"以案为鉴，警钟长鸣"法制教育，以及勇担"特种部队"使命、助力"第二曲线"上扬青年演说展演视频会……在分公司党委的正确领导和主要领导的大力支持下，大讲堂如火如荼地开展，每一期大讲堂都为员工带来了不同领域的知识和启示，不仅丰富了精神世界，更激发了工作热情和创新思维，为分公司持续发展注入了新活力，也为员工的个人成长奠定了坚实基础。

在"铁军大讲堂"的带动影响下，分公司各大队也衍生出了形式多样的讲堂活动。这些讲堂以更加贴近员工实际需求的内容，进一步提升了员工的专业技能和职业素养。修井一大队修井107队开设了"六大课堂"，为标杆队伍持续充电续航；压裂大队搭建"红八号"讲堂，给予青年人才更多成长和锻炼机会；特种工艺作业一大队开展"周五大讲堂"，为操作、技能、管理等不同员工群体"量体裁衣"；基建项目部开通"智汇微课堂"，打造服务人才实践、全员切磋交流的平台；离退休职工管理中心设有"铁苗"小课堂，通过业务、生活、爱好三大课程搭建知识传播新载体。这些"铁军大讲堂"的"分"课堂，逐渐成了员工们学习交流的重要平台。

自分公司、所属各单位陆续开设大讲堂活动以来，井下员工经历了一场新的蜕变。深入浅出的讲解，为员工打开丰富知识储备、提升专业技能的大门；与行业专家和优秀员工的深入交流，让员工深受触动和激励，增强了对分公司的归属感和荣誉感，团队凝聚力和战斗力得到了进一步提升。员工们的变化不仅仅停留在讲堂内。在工作之余，他们也开始自发组织学习小组、读书班，探讨遇到的难题，分享经验和心得。这种学习氛围的营造，让分公司始终保持着积极向上的奋进姿态。

"铁军大讲堂"，不仅是一堂知识的盛宴，更是一次精神的觉醒。如今，"铁军大讲堂"及其衍生讲堂，已经成为分公司企业文化建设的重要组成部分，点亮员工心中的火，照亮分公司前行的路！

"川"越千里鏖战　矢志不"渝"争气

2019年初，几十台压裂车辆开上了弯曲狭窄的山路，穿过弥漫的浓雾和陡峭的悬崖，抵达长宁H25B平台，井下作业分公司川渝项目部正式闯入川渝大地。

从平原走向山区、从碎屑岩走向碳酸盐岩、从常规油走向页岩气，这是分公司为响应中国石油天然气股份有限公司加大川渝页岩气开发的整体要求，外拓市场空间，打造新的经济增长点，实现高质量"走出去"做出的重要部署。

井下市场开发管理中心川渝项目部

四川盆地川南页岩气被地质专家称为"勘探难、开发难"的两难气藏，大庆的压裂队伍初入此地，完全没有施工经验，又与当地众多发展成熟的技术服务公司同台竞技。正是这一年，川渝项目部精心部署，决心在川渝大地站稳脚跟，打赢页岩气压裂施工攻坚战。

崇山峻岭的压裂施工难吗？难！

能见度不足5米的浓雾，山间时有滚石封路，多裂缝的活跃地质条件，靠山临崖的井场……

困难能挡住铁军的脚步吗？绝不！

全面侦查保障车辆转运，虚心请教完成技术升级，反复钻研打造井场样板，内部挖潜保证设备修保，川渝项目部在攻坚克难中找寻"最优解"。

"每口井都是我们的品牌，一定要保证施工质量，决不能急于求成。"

摆正心态、稳扎稳打，川渝项目部在对标学习中迈出第一步。

为了深入了解川渝页岩气压裂施工需求，项目部第一年扎实开展对标学习，专门邀请外单位专家进行技术培训和现场指导，解决推塞射孔作业技术难题。他们把每一口井都当作"练兵场"，认真分析实际问题，采用每段压前技术交底、压后分析研讨的方法，集中攻克关键技术难点。

在长宁 H20-4 井施工中，项目部仅用 19 天完成体积压裂任务，首口井就创造了单井单日施工 3 段的高指标。

一井一设计、技术增产量，川渝项目部用实力获得甲方认可。

2020 年，项目部接到甲方试验任务：在宁 209 井区首个平台开展页岩气大排量工艺试验，全程采用返排液配制滑溜水加砂工艺。这个平台返排液的矿化度高，对配制的滑溜水降阻性能影响大，在 80~90 兆帕的高压力下，保持每分钟 16 立方米的大排量，对加砂工艺提出了更高的要求。项目部经过认真设计，提出"段内多簇 + 高强度加砂"的施工方案，加砂强度提升 40%，用液强度降低 8%，高质量地完成了本次试验，创造了国内页岩气单井最高加砂强度纪录。

单井平均日产气 22.28 万立方米，与相邻平台相比高出 26%。好的增产效果就是市场竞争力，为此甲方单位——四川长宁天然气开发有限责任公司特地发来感谢信，高度肯定了大庆井下的技术水平和优质服务。

创新发展、自立自强，川渝项目部用高标准铸就铁军品牌。

2021 年，项目部立足小井场、大作业"工厂化"作业模式，将大庆油田的施工经验与当地自然环境相结合，在储水、配液、供砂及作业保障模式等多方面发力，在川渝地区建立了独树一帜的"五式三化"工厂化压裂施工模式。即"可调式快拼储供水系统""联动式智能配供液系统""一键式操控储供砂系统""密闭式酸液循环配置系统""定量式自动连续加油系统"五大运行系统；"标准化小井场大作业模式""专业化业务保障模式""信息化全流程管控模式"三种管理模式。高质量的施工模式获得集团及油田领导高度评价及认可，并在川渝多个区块取得了亮眼好成绩：

长宁区块H19平台单日压裂时效3.02段，创造地区纪录。

井下作业分公司川渝平页1平台大型压裂施工现场

流转区块平安1井首次应用穿层压裂工艺完成压裂21段82簇，10mm油嘴控制放喷日产油115.2立方米，日产气11.06万立方米，取得自营区块油气产量新突破。

长宁区块首口评价井宜203井产气量达到40万立方米每天，在新区块获得突破，为3500米以上深度页岩气规模上产提供可靠依据和可复制有效经验，为实现长宁开发区块接替发挥了重大作用。

宁209H36B平台完成顶层设计"段内多簇＋高强度加砂"连续加砂试验，单井加砂强度达到5吨每米，用液强度26立方米每米，创国内页岩气单井最高加砂强度纪录，达到国际页岩气压裂先进技术水平。

在四川省泸州市叙永县浙江油田区块，分公司仅用了不到三年就实现了项目从无到有、从弱到强、从小到大的三级跳。2号平台历时37天完成74段施工，区块套变率降低60%、复杂率降低80%；19号平台平均压裂时效2.3段每天，创浙江油田施工时效新纪录；141井试气产量5万方，创区块内产量纪录；27号平台，单日压裂4段，单日加砂1081吨，创浙江油田单日施工最高纪录。大庆井下在甲方心目中成了"高端技术"的代名词。

2023年，成功完成首个140兆帕超深层页岩气平台——35号平台井压裂施工，施工压力最高达到118兆帕，停泵压力也高达 71 兆帕，最高排量达 20 立方米每分钟，创造了施工压力、排量、液量、砂量的新纪录。

到一方热土，树一面旗帜！挺进川渝既是走出"舒适圈"，也是走进"竞技场"。

六年多来，从项目部初入川渝时的艰难探索，直至取得"标杆第一名"，井下铁军远离家乡、默默坚守、不辱使命，靠着一股不服输的劲头，战胜一个个困难，奋楫笃行，勇立标杆，从"跟跑者"到"领跑者"，让"大庆井下"品牌在川渝大地做得大、叫得响、擦得亮，在"入蜀、学蜀、超蜀"的征程中大显身手。

"川"越千里鏖战，矢志不"渝"争气。追光逐梦，一路奔赴。铁军不惧路途长，川山蜀水试锋芒，披荆斩棘志昂扬，踔厉奋发创辉煌！

让"万能作业机"更万能

一根几千米的油管,连接不同工具就能实现洗井、冲砂、气举、压裂、修井等多重功能,连续油管因此被誉为"万能作业机",成了油气工业中的"香饽饽"。为了把这个"香饽饽"牢牢端到自己的"饭碗"里,分公司下足了大力气,攻关技术、精进组织、培养人才,让"万能作业机"更万能,为油田高质量发展注入强劲动力。

2019年,分公司提出重点推广完善连续油管直井精控等工艺技术的明确要求,为实行专业化管理,将5支连续油管队伍从压裂大队剥离,划归至作业二大队,迈出了连续油管业务转型的关键一步。

井下作业二大队连续油管一队施工现场(一)

改弦更张，并非易事。为啥非得转型？2019年1月16日，作业二大队在转型后的第一个生产会上算了一笔明白账：现在常规压裂服务市场变化很大，虽然暂时还没影响到大队效益，可一旦常规压裂市场饱和，就没有了核心竞争力。谋之深，方能行之远。转型，既然是老区精细挖潜的大势所趋，那就得主动适应、自觉加压，在专业技术、生产组织、人才培养上下功夫。

"摸着石头过河"，在技术领域大胆破旧立新。按照分公司完善应用连续油管老井重复压裂技术的要求，作业二大队的技术人员盯上了机械封隔器无法对厚产层及薄小产层实现精准定点改造的技术难题。他们把办公室搬到了井场上，把值班房变成了科研基地，机器不停转，人就不离岗，连续驻井一个多月，全程跟踪写实生产施工数据，借助连续油管可连续带压上提的优势，创新采用了连续油管水力射流压裂工艺，实现了精准定点改造。

2023年9月27日，南7-4-P2130井的11层段定点改造完成，标志着大庆油田首口连续油管"非机械封隔"压裂井成功告捷，迈出了连续油管"非机械封隔"压裂的第一步。多年来，分公司先后完成了油田首个连续油管油套混注压裂工艺、连续油管压裂驱油工艺、连续油管液压拉拔打捞技术和氮气泡沫冲砂技术试验，完成了膨胀管加固作业技术的应用，填补了套损井小直径压裂工艺的空白，为剩余油挖潜提供了有力的技术支持。

"一口吐沫一个钉"，在生产领域大刀阔斧提效。分公司持续推广完善连续油管精细压裂，提升开发压裂效果。2023年初，为作业二大队定下了用"万能作业机"施工500口井的目标。为完成既定目标，作业二大队打破职能部门界限，集中优势力量、共享生产资源，构建"1+5+2+2"的生产组织模式，推行专业化、轻量化、平台化、区块化、半军事化的"5化"管理，为提高生产时效注入强劲动力。

2023年，连续油管1队全年施工压裂作业井62口，刷新了油田小队级连续油管压裂作业施工纪录。这是干得酣畅淋漓的一年，大队组建了专业的非主体施工队伍，前期勘察、配套准备、施工收尾都有专人干，主体施工队伍只需要集中火力完成起下任务。专人专岗，让主体施工队伍实现了即搬、即压、即走，施工井口数噌噌往上涨，大家伙儿干起活来也越来越有奔头。

众人拾柴火焰高，作业二大队陆续创下了连续油管压裂单趟改造94段、单井改造163段、2425米超长水平段钻塞等多项国内施工纪录；更换连续油管工序时效由5天减至3个小时，老区重复压裂单井施工周期由5天缩短至2

天，外围缝网压裂单井施工周期由 8.3 天缩短为 5.5 天，施工作业大幅提速。

"好马须得配好鞍"，在人才培养上精耕细作。"万能作业机"好不好用，操作手是关键。连续油管 4 队作业班长，是作业二大队培养出的第一批连续油管操作手。为了迅速上手，他在工作时间练实操，在工余时间复盘找不足。理论知识记不牢，就参加队里组织的"每日技能答题"，把操作规程一条条"刻"在脑子里；实操效果欠佳，就通过"班员技能大比武"反复练习提升，井场、队部两点一线地"磨"，就连吃饭、睡觉的时候，满脑子想的都是连续油管的事。大队给搭梯子、人又有韧劲，双重优势下，他很快成了第一批连续油管操作手中的佼佼者。

井下作业二大队连续油管一队施工现场（二）

6年来，连续油管施工人员的操作能力和技术水平在不断提升。2024年4月，组织了第五届连续油管技能大赛，相较2020年的第一届比赛，在用时、效果、质量等方面，均取得了长足进步，实现了连续油管业务从弱到强的华丽转变，成了逐步替代常规作业的新型作业模式。

为了让"万能作业机"更万能，分公司持续推动连续油管技术应用全面升级、规模发展，全力打造独具特色的明星品牌，为油田高质量发展贡献"连管力量"。

"铁军"海外交"铁瓷"

2019年10月，来自伊拉克鲁迈拉项目部的8名优秀外籍员工受邀来到大庆接受表彰，成为分公司修井项目在伊拉克鲁迈拉地区运行9年来，第一批踏上大庆这片热土的外籍员工。

表彰外籍员工，既是一次中外员工心贴心的思想交流与融合，也是分公司市场开发系统围绕"高质量服务油田振兴发展，高质量推进世界水平建设"，进一步推进海外员工国际化、属地化，探索大庆精神与油田文化承载形式的有益尝试，更是对响应国家"一带一路"倡议、构建人类命运共同体的积极实践。

来庆的外籍员工参观了修井107队施工现场，先进的设备、专业的管理、精湛的技艺、优良的作风，给他们留下了深刻印象。在接下来的颁奖典礼上，外籍员工与分公司员工代表共同观看"征战海外建功业·比肩世界书传奇"宣传片，回顾了井下铁军从"蹒跚学步"到羽翼渐丰、从逐渐壮大到比肩世界的光辉历程，重温了分公司鲁迈拉修井项目部鏖战沙漠、一路走来的成绩单。表彰会上，分公司副经理朱大力、张自成为8名优秀外籍员工代表颁奖。

DQWO-080队的带班队长侯萨姆图菲克、IPM部门高级主管阿萨德那匝尔表示，早在鲁迈拉，他们就已经通过井下的海外员工认识了大庆井下，今天来到这儿，就像回家一样亲切。阿萨德那匝尔说："大庆井下作业分公司是全中国最好的井下服务公司，感谢大庆井下作业分公司为他们提供这么好的平台，今后他们将继续高质量、高标准工作下去，为提高鲁迈拉项目部综合实力继续努力。"

井下作业分公司表彰伊拉克鲁迈拉优秀外籍员工

井下"铁军"走出国门开展跨国能源合作，不但在业绩上获得甲方称赞，也跟当地雇员建立了深厚的情感连接。

在一次组织搬家工作时，DQWO-075平台机械师张利斌发现，休假回来帮忙的机电工奈扎哈胳膊活动不自如，腰也不敢用力。一再追问下，才发现奈扎哈肾结石导致发炎疼痛，在胳膊上埋了一个针头。平台经理刘建华得知此事后，多方联系到了近期来伊拉克工作的中方同事，带来了中医的排石药，有效缓解了病情。除了生活上的照料，平台在奈扎哈生病期间，也给予关怀照顾，帮助他渡过了难关。痊愈后，奈扎哈用蹩脚的汉语，连比画带说地表达了感谢："感谢我的中国朋友。在这个大集体里，我觉得很温暖。"

Muhammad 今年 27 岁，是 DQWO-077 平台的井架工。Ru101 井时，平台决定利用等甲方盐水的空档，打扫一下载车底盘和基础的卫生。任务安排给当班司钻后，Muhammad 和井口工 Munther 自告奋勇去清理。由于载车底盘和基础之间空间受限，根本直不起腰，他们就半蹲半坐地干，先用铲刀一点点铲，再用柴油擦，一干就是两个小时。天气炎热，空间狭小，司钻怕他们中暑，喊他们出来歇歇。Muhammad 喝了口水就着急下去："赶紧接着干，我还要吃午饭呢。"他一边说一边乐，他一乐，大伙儿都乐了。原来他一笑，露出一口白牙，脸上的颜色和油泥混在一起，滴下汗水的印痕也是一道一道的，根本分不清是皮肤的颜色还是油泥的颜色。这么辛苦的活，咋能干得这么高兴？Muhammad 说，他的乐观上进，都是跟井下"铁军"学来的。

Hussain 是 DQWO-074 平台的一名老雇员，大家都亲切地叫他侯赛因。因工作表现突出，2015 年 8 月，中方管理人员一致同意让他从架子工晋升为副司钻。一次，平台计划从 RU477 井搬至 RU372 井，尽管侯赛因并不当班，但听说时间紧、任务重后，刚做完肩背粉瘤切除手术不到 10 天的侯赛因二话不说，主动赶到了现场。平台经理劝他回家养伤，他回绝道："货物摆放、装卸车顺序、雇员能力，这些没人比我更熟悉，平台搬家需要我！"搬家过程中，侯赛因一直冲在最前面，哪里活儿多去哪里，哪里活儿重去哪里，完全看不出是个有伤在身的人。他的举动感染了其他人，雇员在他的带动下干劲儿更足了。那次搬家，他们创造了 49 小时的新纪录。当被问到为什么这么拼命时，侯赛因真诚地说："我在大庆的队伍工作 7 年，在这里我学到了很多知识和技能，他们教给我养家糊口的本事，我爱这支队伍，我愿意在这里继续努力工作。"

　　奈扎哈、"小黑子"、侯赛因，只是项目部众多优秀雇员中的缩影。井下"铁军"在伊拉克鲁迈拉打拼的同时，也将大庆精神铁人精神带到了鲁迈拉，在异国他乡收获了井下"铁军"的"铁瓷"。

　　2023 年 10 月 10 日，在共建"一带一路"倡议提出 10 周年，中国石油"走出去"30 周年之际，中国石油在北京举办了首届"石油青年全球多维对话"活动。分公司市场开发管理中心郭北宁作为唯一中国籍代表，分享了在伊拉克鲁迈拉修井项目部工作期间，培养出首名伊拉克籍修井工程师的故事，客观地讲述了大庆石油人在海外施工条件艰苦、气候环境恶劣的情况下，弘扬大庆精神铁人精神，实现高质量"走出去"的动人事迹。

挺进国际市场困难重重，建设"海外大庆"绝非易事。但道阻且长，行则将至。聚海内外"铁军""铁瓷"之力，加速上扬成长"第二曲线"，岂曰无衣，与子同袍！

蒙古国逆境"突围"

井下人第一次进入蒙古国塔木察格区块施工时,面对肆虐的沙尘暴和酷暑蚊虫,海外将士们积极响应分公司号召,住帐篷,喝碱水,凭借不服输的精神,当年便在那里稳稳站住了脚跟。如今,蒙古项目部扎根塔木察格,积极拓展新业务、新领域。面对困难与挑战,他们用实际行动奏响了高质量走出去的"时代赞歌"。

2020年新冠疫情席卷全球,为保障蒙古塔木察格公司完成原油生产计划任务,经过精心筹备,受分公司指派蒙古项目42名干部员工以"逆行者"的姿态奔赴海外市场。

如何把荣誉保持下来,探索特殊时期的最优解?项目负责人佟文全带领着项目部负重前行。集中隔离结束后,仅用三天时间,抢在冬季超低温来临前超额完成既定任务;在塔19区块压裂试验过程中,他们严抓严管、亲力亲为,密切跟踪试验效果,及时提出技术建议,赢得了甲方的支持和信赖。

在新冠疫情期间,"零感染"是站稳国际市场的底线,也是告慰家人最好的平安符。从入关开始,他们就顶着巨大压力,严格执行防控措施,不放过每一个工作细节,安全度过每一个紧张时期，实现了项目人员零感染，安全生产、疫情防控两手抓两手硬。

井下蒙古国施工员工凯旋归来

但长期的坚守、枯燥的生活、对家人的思念，还是给每个人带来了极大的影响。佟文全自己也说，有段时间，一回到驻地，想到家人，眼泪都会情不自禁地掉下来。直到有一天，一名员工红着眼眶跑回来，向他诉说老人去世，身为子女不能为老人送终的痛苦，他猛然惊醒，如果连自己都沉浸在这种情绪中，还怎么带队伍？还怎么闯市场？他决定在这片"孤岛"上建起温馨家园，决不让艰苦环境把队伍的意志摧垮！鼓励大家多说话、建起"南泥湾"、开展趣味活动……驻地的活力慢慢回来了，员工们的思想压力和焦虑情绪得到了有效缓解，生产生活逐步回到了正轨。

回国之路困难重重，但并非无解。在上级部门努力沟通协调下，2021年12月4日，项目部员工分批踏上了归途，留在基地的员工做好收尾工作，确保不留下任何安全隐患。直至5月13日最后一名项目员工顺利回到大庆，项目全体将士为本轮征战蒙古国画上了圆满的句号。

当他们走下扶梯，踏上家乡土地的那一刻，全体将士们的眼圈都湿润了。500个日夜的坚守，加砂强度达到了5.26立方米每米，比2019年提高了142%；日增油从2.7吨提高到6.9吨，增油强度提高了144%，完成了35口井58层的压

祝贺"大庆油田井下作业分公司在蒙古国塔木察格油田首次水平井体积压裂获高产"的锦旗

裂任务，这是他们带回来的成绩，是逆境中不屈生长，更是他们在今后工作中披荆斩棘，顽强照亮的那道光。

2023 年，受甲方投资受限影响，项目部的工作量、服务价格和利润空间逐步下降。2024 年合同价格与 2022 相比更是下降 25%，且单井平均规模也缩小了。

一时间，蒙古项目部发展进入逆境。怎么做才能逆境"突围"呢？

蒙古项目部集中各专业力量，结合蒙古国地处高寒地区、开采区域分散等特点，把大型压裂、水平井压裂、缝网压裂、超短半径压裂和水力喷砂射孔等工艺技术引进到蒙古，形成了完善的施工技术体系，并针对不同区块、不同地层特性制定个性化方案，以技术攻占市场。

加固原有"阵地"，提供优质服务。旱季大风、沙尘暴肆虐。雨季连日冰雹大雨、高温酷热潮湿，在服务过程中他们克服诸多困难，干部靠前指挥，紧盯塔木察格油田生产施工进程及方案设计速度，精准选择工艺，严抓压裂细节，密切跟踪效果，优化施工模式，坚持安全环保、整体统筹。多方筹措施工水源，物料保障衔接紧密，科学组织多井场交叉施工，在提高生产时效的同时，大力推介新技术应用，提前做好冬防保温措施，赢得了甲方认可与支持。

加速突破"困境"，拓展新兴业务。在加固原有业务的同时，他们紧跟形势、勤跑市场，密切关注周边市场动态，保持与钻探集团及其他区块业主的沟通联系。终于，他们成功获得了塔木察格公司以外业主的新合同，为缓解项目经营困境打开了新的突破口。

2024年，蒙古项目部首次与大庆辰平公司合作开展压裂服务，完成了塔19、21区块4口超短半径井的水力喷砂射孔及压裂施工，压后效果评价良好。

与蒙古马塔德公司成功签约，相继完成塔20区块两口探井的压裂施工，得到甲方的高度认可，还收到该公司的正式感谢信。

2013年，完成年计划的123.6%。

2015年，施工时效提高42%。

2016年，利用两个月有效时间，完成压裂110口、216层，时效同比提高近2倍。

2019年，首次实现大型压裂业务领域新拓展，打造了百吨产量高效井。

2020年，平均单井增产同比提高5%……

外闯蒙古国近20年来，分公司已累计完成塔木察格油田油水井压裂施工1363口，为大庆油田产能建设做出了积极贡献。

井下作业分公司蒙古国压裂施工现场

走出去扬铁人威名，战草原创国际佳绩。扎根塔木察格，传承大庆精神铁人精神，赓续"井下铁军"优良传统，蒙古项目部用顽强的意志、过硬的作风、精湛的技术、优质的服务，赢得甲方与合作伙伴的认可和尊重，在国际市场树立品牌，展现了"海外特种部队""英勇善战铁军"的良好形象。

铁军"火力"盛　撬动页岩油

清晨，朝阳在天边徐徐拉开幕布，照射在古龙页岩油 3 号试验区 3 号平台施工现场。抬眼望去，标志性的蓝色蓄水池，整齐排列的压裂车、罐车、混砂车，伴随着机械的轰鸣……这一幕，常被用"壮观"二字来形容。

2021 年 1 月 13 日，集团公司党组明确古龙页岩油三个节点目标任务，油田上下闻油而动。一场以理论创新、科技创新、管理创新为核心的新时代新会战全面打响。

页岩油勘探开发受到各方高度关注，高质量保障好、服务好页岩油勘探开发，是政治、是大局、是首要责任，井下作业分公司必须扛起责任、冲锋在前，敢打硬仗、能打胜仗。

"撬"动页岩油，难不难？当然特别难！这犹如在毛细血管里采血，不仅考验设备设施，更考验施工组织及技术能力，分公司用了大力气、花了大心思，努力为页岩油造缝"开路"。

2021 年，分公司开始将页岩油作为主攻重点，勇闯"娄山关"，拿下 114 口页岩油井压裂任务。下面这几个数字组成了这段辉煌的岁月：成立页岩油专班，设立生产指挥中心专位，建立现场作战指挥室，实行领导干部驻井、总监制管理、专家24小时值班制度，调集28支队伍、570余名员工、605台设备设施，以及外部市场专业技术人员，发挥整体合力保开发；精细组织运行，建立最优学习曲线，推行交叉作业、平台拉链施工，创新使用大通径压裂地面流程等高效工具，效率较初期提高30%，仅用时33天就完成1号试验井组381层压裂施工，提前17天完成任务；加强物料保供，建立物资保障绿色通道，专人到产地驻点催货，协调立志火车站为新转运中枢，新增供砂配液站点10处，设立现场临时储存库、共享中心库，采购效率提升80%以上，平均倒运半径缩短50%，日增加保供能力2000吨，存储能力达到7万吨以上，累计筹措石英砂10万吨、工用具及设备配件6900余件。

大型压裂就是在千米地下"开路架桥"，让散布在一大片区域的油气通过"路"和"桥"集中输送到地面。但非常规储层地质条件复杂，"开路架桥"至少需要千方砂、万方液，页岩油压裂则需要几千方砂、十几万方液，这绝对是个"大工程"。

向新领域要资源、向新资源要储量、向新储量要产量，页岩油压裂技术必须提质、提效、提速。

分公司创新应用连续油管环空压裂工艺，优化采用

180°相位角极限限流射孔、3~5米小间距改造、低黏滑溜水连续携砂和全小粒径组合支撑，初步形成"控近扩远、控液稳砂、精准工艺"复合压裂工艺，攻关形成延长低砂比打磨时间、低排量后置二氧化碳和前置酸+适当扩射等工艺控制技术，施工效率提高20%以上，创出最多细分24层等多项施工纪录。大型压裂项目部不断总结施工经验，攻关突破以"一体化联动控制理念"为核心的12项作业技术，打造稳固的四大保障系统，实现工厂化压裂自动化控制、流水线作业。创新实现4个页岩油水平井平台12口井同步压裂施工，完全满足页岩油井压裂工艺需求。整体上固化了10种组织运行模式，形成了10项创新成果，创造了一套模式上可复制、管理上具有指导性的会战组织方法，走出一条靠创新提速、靠提速降本的效益型勘探开发之路，对于页岩油增产改造环节的整体组织实施提供了经验借鉴。

通过制定页岩油工厂化试油压裂标准操作规范和管理手册，施工安全风险分级管控、突发事件应急处置等16项管控制度，邻井套压监测管理、应急处置等9项管控流程，风险点源识别、开工验收等16项清单，全力确保了施工安全平稳运行。工程地质技术大队专门成立了技术监督小组，负责平台井的现场技术指导和施工质量监督等工作。因为页岩油水平井施工风险高、井口数多、层段多、处理难度大，他们7人的技术团队连续盯数据，一起解决问题，一起商量施工方案。压裂一室副主任从4月10日到达现场，就高度集中注意力，进行现场技术指导，时刻紧盯数据和曲线，第一时间做出判断，第一时间做出指令。在页岩油新会战中探索前行，为的是让大庆油田走得更远。

2021年8月25日的一场新闻发布会，给全国带来了振奋人心的消息，大庆油田宣布古龙页岩油勘探获得重大战略突破，发现了地质储量超过10亿吨的超大陆相页岩油田，实现了几代大庆人在大庆底下找大庆的梦想，井下人为之欢呼，更为之自豪。

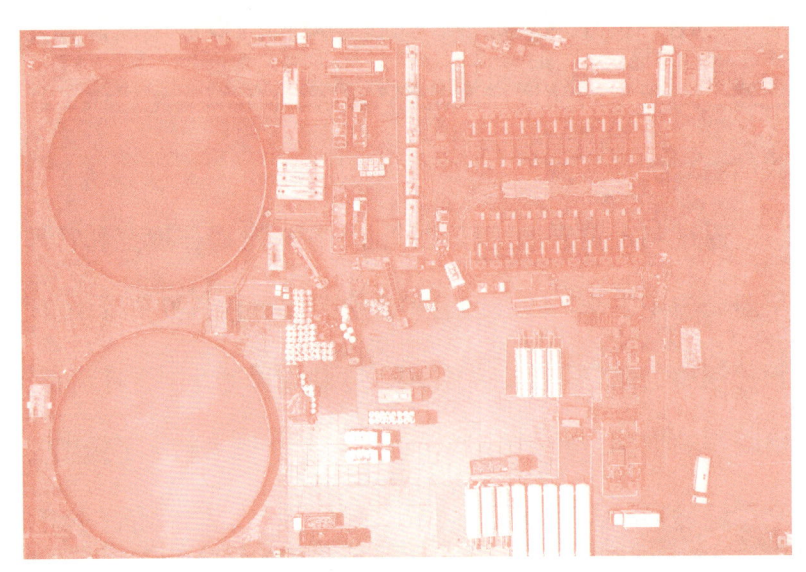

大庆古龙陆相页岩油国家级示范区井下大型压裂施工现场

日压裂段数最高 8.2 段；日有效泵注时间最高 20.5 小时；水平井桥射时效最快 1.5 小时；准备时效最快 7.3 天；连续油管施工能力实现最大下入深度 5175 米、进入水平段 2425 米，射孔成功率达 100%；施工控制砂液比 1∶9.26，达到压裂工艺 2.0 标准，加砂强度达到 3 立方米每米。单段加砂量规模达到 240 方；105 台压裂车 26 万水马力同步压裂，施工规模实现了新的提升。

古龙征战，彰显井下新担当。曲线上扬，树立铁军新威名。分公司始终站位保障国家能源安全，把最高效、最系统的"压裂工厂"搬到这里，集中"火力"，向页岩油勘探开发持续发起"进攻"。进入开发新征程，"铁军"精神饱满、士气高昂，以"奔跑"的状态，用争分夺秒、全力以赴的斗志，讲政治、顾大局，为油田高质量发展源源不断贡献"特种部队"力量。

打造"四高四能""特种部队"

2021年8月9日,中国石油天然气股份有限公司副总裁、大庆油田党委书记、大庆油田有限责任公司执行董事朱国文到分公司调研,要求分公司在油田稳油增气上当好"特种部队",在科技挖潜上打造进攻利器,在业务领域上突出高端发展,在市场化道路上当好甲乙方,在平台化施工上加快探索实践,在弘扬严实作风上当好示范表率。

2016年7月1日,井下修井107队党支部获得"全国先进基层党组织"荣誉称号

面对油田领导的谆谆嘱托和殷切期望,如何展现井下铁军作为?如何交出高分答卷?分公司党委深入思考,理

顺了新战略、新机遇、新挑战、新突破的内在联系；高度谋划，定下了打造"四高四能""特种部队"的行动指南，为推动服务油田事业向更深层次、更高水平、更优质量迈进，举旗定向、把舵领航。

高站位是"特种部队"的鲜明底色，必须要特别能担当，全力提升生产保障能力，在服务稳产大局上承担更大重任。分公司始终把保障油田增储上产作为核心任务，集中各方面优势，共同向稳产目标发力，实现了措施保障水平的稳步提升。旗帜鲜明布局以服务油田为核心的发展战略，谋划推进一揽子重点举措，集众智、举全力、抓落实，重点区块领域保障坚强有力，整体生产能力连年攀升。2023年，油田立足当好"端牢能源饭碗"国家队，高站位谋划"一稳三增"奋斗目标，高质量推进原油3000万吨硬稳产、天然气70亿方上产，保持能源总当量稳定向上，答好保障国家能源安全答卷。中央有号令，油田有部署，分公司就要见行动。尤其是作为"特种部队"，在关键时刻，必须要走在前、挑重担，精准对接油田措施需求，做强主营业务，加快新兴业务，培育潜力业务，做精辅助业务，全面推动产业链提档升级，接续提升措施保障能力，为稳油增气筑牢生产支撑。"十四五"以来，在自然减员1141人情况下，分公司压裂和修井能力年均增幅10%，连续油管持续壮大，总体施工能力提升近40%，施工井数连续两年破万口。

高贡献是"特种部队"的显著特征，必须要特别能攻关，大力提升科技创新能力，在措施改造挖潜上发挥更大作用。作为工程技术服务单位，技术就是立企之本，科技含量决定着贡献质量。回顾分公司发展历程，从常规压裂到非常规压裂，从小规模压裂到大规模压裂，从小通道修井到无通道修井，从常规业务到特种业务，正是一系列技术创新突破，让分公司在油田勘探开发的各个时期，持续作出高水平贡献，不断巩固提升主力军地位。随着油田长期高效开发，在剩余油精准挖潜、疑难套损井有效治理、特殊区块经济改造、非常规储量效益规模动用等方面，还有很多"卡脖子"环节。油田公司六届二次职代会上，确立了"两提升"奋斗目标。分公司作为"特种部队"，要想持续提升贡献力，发挥不可替代作用，技术依然是最可靠的支撑，必须要坚持问题导向、需求导向和目标导向，善攻难关、善打硬仗，加速提升科技创新能力，打造原创技术策源地，以"特种部队"独有的技术资源优势，为解决勘探开发难题提供井下技术方案。"十四五"以来，分公司措施增油连续三年保持在160万吨以上，最高达182万吨，创近20年最好效果。

黑龙江省"五一"劳动奖状单位、油田公司
"功勋集体"压裂一队

　　高质量是"特种部队"的内在品质，必须要特别能创造，加快提升一流管理能力，在深度提质增效上谋求更大突破。作为"特种部队"，不仅要在规模效果上彰显作用，价值创造能力同样是重要考量要素，"量""质"兼优才是"特种部队"的内在本质要求。从宏观发展形势来看，随着油田勘探开发措施改造难度、施工规模和投入的不断加大，控投资降成本的严峻形势，非常规领域的加快动用，对工程服务业务有质量、有效益、健康可持续发展提出了更高要求。必须要对标一流管理水平，围绕价值创造系统谋篇，靠补链强链增收，靠技术加管理降本，靠变革创新提质，靠市场创效补内，靠安全环保强基，打出一套提质增效组合拳，全面提升"特种部队"的含金量，实现更高效益、更有效率、更具活力、更可持续、更为安全的发展，以新气象、新作为、新范式，坚定走在服务油田第一方阵。"十四五"以来，分公司收入规模一年一个台阶，两年攀新高，破五十近七十。

高水平是"特种部队"的应有之义，必须要特别能战斗，接续提升攻坚啃硬能力，在践行铁军标准上展现更大作为。分公司始终保持着光荣的优良传统，孕育出了独具特色的铁军精神、铁军文化，培养造就了一支作风顽强、技艺精湛、服务优良、堪当重任的铁军队伍，井下铁军在油田内外都是一个响亮的品牌。这种精神风貌，是战胜困难挑战、推动事业发展的宝贵财富，是最根本的依靠力量和最大的发展优势。在服务油田征程中，队伍战斗力依然是彰显"特种部队"本色的核心考量，依然是体现"特种部队"水平的关键变量，只能进、不能退。必须要把牢这个前行标准，充分发挥政治优势，把对党忠诚转化为战斗力；弘扬严实作风，传承大庆精神铁人精神，真正严出战斗力；实施人才强企工程，以人才支撑提升战斗力；突出和谐发展，最大限度凝聚起战斗力，在更高要求、更高水平、更高难度上为油田保驾护航，把"特种部队"的旗帜牢牢插在服务油田主峰上。2023年，分公司推行人才培养

"千人计划",技术人才依托"揭榜挂帅"与"赛马制"快速成长,核心技能人才实现"一岗多能、一人多证",高级技师、技师等技能人才数量不断攀升。

今天的井下,踏上了新的发展征程,站在了新的历史起点。打造"四高四能""特种部队",事关长远发展,事关形象地位,既承载着对优质服务的坚定承诺,又展现了追求卓越的不凡气魄。"服务油田"征途远,敢告云山从此始!

"特种部队"跟党走

2021年12月16日,站在"两个一百年"奋斗目标的重大历史交汇点上,中国共产党大庆油田有限责任公司井下作业分公司第四次党员代表大会隆重召开。

奋斗"十四五",奋进新征程。分公司以党建引领发展,全力抓好"三件大事",以永不懈怠的精神状态和一往无前的奋斗姿态,奋力开创高质量服务油田振兴发展、高质量建设世界水平井下的新局面。

大庆是党的大庆、共和国的大庆。听党话、跟党走,是大庆油田的鲜明底色。分公司党委坚决贯彻"两个一以贯之",扎实推动全面从严治党,有效发挥党的政治优势,以"科技增油、管理增效、市场增收、党建增力"为主线,把方向、管大局、保落实,领导和推动"井下事业"取得辉煌业绩。

党建精准引领,分公司大力推动党的建设和生产经营深度融合,取得了"十个井下"成果:"井下旗帜"更加鲜明、"井下能力"全面提升、"井下地位"持续巩固、"井下效益"稳步增长、"井下品牌"愈发响亮、"井下根基"不断夯实、"井下队伍"斗志高昂、"井下堡垒"日益坚固、"井下风气"廉洁清正、"井下关怀"温暖人心。

分公司坚持服务油田的信念不动摇，持续在优化业务结构、提升保障能力上精准发力。常规压裂业务加快提速提效，创造单日压裂31口、单月压裂529口的施工新纪录；修井业务不断做大做强，年施工能力达到2000口；大型压裂业务实现跨越发展，年施工能力由340口提升到1230口，增长近4倍。同时，连续油管和带压业务领域持续拓展，供砂、配液、运输、工具加工等辅助业务同步跟进，有力保证了油田措施需求。

2021年，油田新一届领导班子深入贯彻落实习近平总书记"七一"重要讲话精神和集团公司2021年领导干部会议精神，作出要抓好高质量原油稳产、弘扬严实作风、发展接续力量"三件大事"的重大战略部署。

分公司深刻认识抓好"三件大事"的重大意义，主动把握新形势、谋划新发展，在业务结构优化、生产组织运行、设备设施配套、队伍人员配置等方面下了更大功夫、做了更多努力，保障推动高质量原油稳产目标。业务拓展到哪里，党的领导就跟进到哪里。分公司抓好"三件大事"，全力当好服务油田的"特种部队"。凝聚"最小细胞"，永葆青春活力。一个支部，一座堡垒；一个党员，一面旗帜。分公司在提高站位的同时，把目光盯在基层、把重心放在基层、把功夫下在基层，凝聚"最小细胞"，树典型引领风尚，立样板对标提升，促进基层建设全面进步、全面过硬。

井下修井 107 队在大庆油田川渝探区施工现场

修井 107 队党支部获"全国先进基层党组织"殊荣，压裂一队党支部获"中央企业先进基层党组织"荣誉，作业 204 队获"全国青年文明号"殊荣……"井下铁军"继承发扬大庆精神铁人精神，时刻践行着"铁肩担大任、铁心保稳产、铁志做贡献"的铁军誓言。

加强党的建设，突出政治功能，分公司扎实推进基层党建"三基本"建设与"三基"工作有机融合。2012 年，组织 247 名党支部书记参加线上培训，学习党支部工作条例和业务；组织1000名党员线上学习"十个专题"；组织344名入党积极分子进行线上入党前培训；同时，以《大庆油田党支部标准化手册》为抓手，进一步规范了党支部工作。

党委宣传部抓住两级党委中心组学习宣传教育方面的示范引领作用，充分利用会议宣贯、门户网站、《井下人》内部简报、井下公众号等宣教手段，引导全员弄懂悟透伟大思想、传承党的红色基因、坚守入党初心使命、勇于开拓发展新局，通过宣传教育，助力井下走好服务油田之路，塑造争创一流的铁军形象。分公司以党建为引领，大力弘扬严实作风，大力推进新时代岗检，大力加强典型培养选树，始终保持强大的作战能力，努力在油田高质量发展中发挥"特种部队"作用。

老标杆　新活力　修井107打造"样板工程"

修井作业在油田被称作"油井医生",与油气勘探开发密切相关。随着油田开采年限增长,套损井数量上升加快,套损原因也越来越复杂。这些井如不能得到及时"救治",将影响油田油水井的正常注采开发。

2021年,分公司发出了用创新驱动点燃发展引擎的号召,大力攻关通道预判、断口稳定、示踪打通道等大位移修井技术,疑难套损井修复技术。为此,修井107队将技术创新当作引领发展的第一动力,充分发挥设备自动化、施工平台化、技术集成化的优势,全力开展疑难井、特殊井取套现场试验攻关。

高158-42井就是一口急需"救治"的疑难井,投产之初这口井曾给油田贡献了可观的产量。可好景不长,由于地下套管出现了问题,经多次施工处理被诊断为"无通道"疑难套损井,该井被迫停产,成为一口长关井。

过去,针对"无通道"这样的"疑难杂症",经常"束手无策",但如今修井107队有了智能化顶驱修井的"加持",结合施工经验开展全力攻关,解决"病症"易如反掌。设备安置就位后,他们边施工边总结,每一道工序、每一个流程都力求精益化。"设备只要启动，中途决不能停"，为确保施工顺利进行，他们分为三个班组，轮流坚守在现场，两名技术员24小时交替轮岗，紧盯钻井液性能、套铣参数、循环排量等，严格把控每一处施工细节。

"手巧不如家什妙"。油井和矿井不同，下不去、看不到，不同类型故障井的治理，都需要依靠特殊有效的工具来判别和诊治。"无通道"套损井比常规套损井更难治理，套铣至断口位置"收鱼"难度大，修井107队依据"病情"自主研发的特制套铣钻，如同微创介入和手术刀，直达"病灶"，精准施治，多次在断口处精准"收鱼"。借以智能化顶驱修井设备的优势，更多的长关井终将重新焕发生机。

2023年以来，分公司做出了攻关瓶颈难点技术，加快发展修井技术，在套损井日趋复杂的形势下，科技贡献水平要持续增强的新部署。

2024年3月，修井107队请缨首战喇7-1637井油田首口表层套管取套任务。如果说油层取套是微创小手术，那表层套管取套将直接面对将井壁皮肤层层剥开的风险，稍有不慎就会酿成大事故，且油田此前并没有成功先例。

"工欲善其事，必先利其器"，在与采油厂紧密联系，开展井况调查，了解井史资料后，他们提前准备好套铣钻头、钻井液等工具用料，"私人定制"了16寸套铣筒。对不同层位的浅气情况等进行讨论研究，并根据地层资料制定了更为翔实的施工方案。

施工前，开展风险识别，全队上下详排查、共分析，制定风险预案及特殊情况处理方案，确保首口表层套管取套施工安全、平稳、顺畅。

井下修井107队应用数智化系统获取施工参数

施工中，为保证施工质量，队长、技术员等队干部更是天天"长"在井上。白天，紧盯施工现场监督钻进情况；晚上，与技术专家研究分析，不断合理优化钻具组合，研究下一步施工方案。

历经26天，在全队的不懈努力下，任务提前四天获得成功，填补了油田的空白。队里的技术骨干研制的5类共计10种套损井治理工具，也通过施工试验，满足了油田5.5寸到13.3寸全尺寸套管的取换套施工需求，成了油田第一个成功取表层套管任务的修井队，为油田疑难套损井治理提供了新的技术手段。

2024年6月14日，凭借精湛的技术，过硬的作风，修井107队响应分公司号召，一队多机化身衍生出DQ修井107队，开始征战大庆川渝探区参与隐患井治理。

"DQ"这个前缀，分量重、意义大。作为缩写，也可以有多种解读，可以是"单骑闯关"的义无反顾，可以是"夺旗立标"的舍我其谁。

首战川渝龙岗163井。面对可能存在井内封堵管柱解封无效、压井液漏失、漏溢转换风险高等施工风险，他们"因地制宜"，做到知己知彼，强化井况调查，对修井数智化生产管理系统进行全面改良调整，作业工具也在革新、创新中愈发趁手，经过周密的部署，严密的施工，严细的打造，"样板工程"终于得到了四方验收认可，顺利完成川渝第一口隐患井治理任务，创造了同等设备从长途搬迁转运到组装配套、具备施工能力的最短纪录，用实际行动赢得了甲方赞誉，为后续到达川渝施工的修井队伍积累了经验。

置身大巴山南麓，立足 4500 平方米的营地，怎能不使人志在千里：立足百年油田，拿下川渝"桥头堡"，挺进西南市场，征战西北市场！

多年来，修井 107 队创造出了侧钻井技术、电泵井打捞、水平井大修、气井施工、套损区块综合治理、首口表层套管取套等"六个第一"，通过不断探索集成改造了液压猫道铁钻工、顶驱翘头等自动化设备，创新研发了全国首套全自动液压修井机。攻关应用了 12 大类工艺技术，应用了捞、磨、倒、铣、套 5 大系列修井工具，多种工具还在国内其他油田推广。有些工具例如"逆向锻铣刀"等，成功申报了国家实用新型专利，为油田恢复产能需求、川渝上产做出了应有的贡献，被油田选树为"新时代振兴发展标杆"。

新的征程，修井 107 队将坚定紧紧围绕高质量服务油田、推进"六大工程"责任使命，率先打造新时代"井下铁军样板工程"，努力探索出一条以"创新引擎"驱动高质量发展的新路径。

"红八号"传奇再续

井下作业分公司压裂大队压裂一队,是一支有着光荣红色基因的集体。建队初期,压裂一队作为大庆油田特种设备行业的标杆,被原石油工业部和大庆油田会战工委授予"思想红、作风硬、技术精、服务好"的"红八号水泥车组"称号。近年来,他们全力打造"搭建地下驱油高速公路网"的"特种部队",先后荣获黑龙江省"五一劳动奖状"、省部级优质高效压裂队、中国石油天然气集团有限公司先进基层党组织等多项荣誉。2021年,在庆祝中国共产党成立100周年之际,压裂一队党支部又荣获了国务院国资委授予的"中央企业先进基层党组织"殊荣。

累累荣誉,记录的是一点一滴的奋斗史。

时代日新月异,精神一脉相承。回首建队以来50余载栉风沐雨的奋斗路,压裂一队之所以能够战胜艰难险阻、一路向前,可以从对"红八号"精神的一脉相传中找到原因。"宁让身上掉块皮,不让车上掉块漆""人的岗位在车上,车的岗位在井上""要想设备过得硬,技术必须过得硬"……"红八号"精神不仅是建队之魂,更是推动队伍不断前行的动力之源。新时代,压裂一队党支部立足传统，提炼出"新三观"，即"铁心压裂、铁志为油、铁血奉献"价值观、"压开一口油井，开启一片油源，赢得一个市场"市场观、"宁流一滴汗，不少一粒砂"服务观，为"红八号"精神注入了新的时代内涵。为了让与时俱进的"红八号"精神深入人心，压裂一队党支部组织"沉浸式情景剧""六个传家宝亲手体验"等体验类活动，帮助员工搭建同"红八号"精神的情感共鸣，使队伍始终保持高昂的战斗力。2020年，为响应油田号召，压裂一队党支部组织11名党员组成突击队，队员们克服家有幼儿、妻子生病、父母行动不便等重重困难，实行全封闭管理，连续驻井47天，圆满完成了12口大型压裂井施工任务，让"红八号"精神在实践中得到了生动体现。压裂一队20余名员工先后获得国资委、集团公司、黑龙江省、油田公司等级别的荣誉称号，以"红旗越擦越红、标杆越树越高"的强劲态势，为大庆外围油田增储上产发挥着巨大作用。

管理日臻完善，施工步步为营。作为油田改造挖潜的先锋劲旅，压裂一队在管理上有着深厚的底蕴。会战时期，他们就首创了特种设备岗位责任制。面对油田勘探开发的新要求，他们精准把握定位，推行"责任区"管理，打造"讲传统""传技术""促服务"三各专项责任区，组织开展班组"六比六赛"活动，5年内输送各类成熟人才28

人。他们总结出"四勤""三检查""五不动车""六不施工""三点四清四查一验"等实战经验，构建了特种设备闭环管控模式，在大庆古龙陆相页岩油国家级示范区建设施工中，率先采用"一条龙、两个一、三精确"的先进管理理念，为项目顺利推进提供了有力保障。

井下压裂一队干部员工在大庆古龙陆相页岩油国家级示范区现场

凭借管理上的创新，他们始终走在压裂领域的最前沿，在大庆油田实现了第一个采用压裂及完井一体化管柱施工水平井、第一个采用裸眼管外封隔器滑套式分段压裂、第一个采用国际最先进的"多段分簇"体积压裂、第一个实行模块式管理"工厂化"作业施工的"四个第一"，进一步奠定了在油气勘探开发领域"临门一脚"的不可替代作用。

2024年，在一口非常规井压裂施工中，压裂一队19个小时内压裂10段，其中包括3层带暂堵作业，刷新了已保持3年的油田非常规井压裂施工时效纪录，为非常规井压裂提速提效开辟了新路径。

技术精益求精，突破永无止境。作为工程技术服务单位，技术就是高质量发展的命根子，是破解难题的金钥匙。压裂一队在保障探井压裂和大型压裂任务的同时，一直承担各类试验及新工艺井的推广工作。在一次非常规压裂施工中，他们遇到了一个棘手的问题：压裂车一处弯头和顶缸器密封圈突发刺漏，施工被迫中断，气氛骤然紧张。停啥不能停进度，再难也得找原因，压裂一队队长领着技术人员对设备进行了细致的"全身检查"，经过反复推敲和验证，终于找到了问题的症结所在，通过更换压软管样式、采用高排量泵头和高承压力弯头的方式，让车组在短时间内回复运转。为了防止类似情况再次发生，他们从问题上找原因，从方法中找规律，确定了单台压裂车低挡位、低排量的运行模式，填补了大庆地区非常规石油平台井压裂施工与压裂车组液力端适配领域的技术空白。

加砂量最大、单层加砂量最多、单井液量最多、深井段数最多、水平井段最长……一组组数据、一次次突破、一项项纪录，见证着压裂一队每一次突破瓶颈、拔节成长的"高光时刻",彰显了他们在技术领域的卓越能力和无穷潜力。

传承薪火,再启新篇。曾经,第一代压裂一队人,在会战那段激情燃烧的岁月中,写下了"红八号"浓墨重彩的一笔。如今,新一代压裂一队人,在服务油田高质量发展的新征程上,继续书写着"红八号"的传奇篇章!

"五能"让平台化运行更行

2021年，大庆油田提出了"在平台化施工上加快探索实践"的要求，为结构性缺员问题指明了解决思路。2022年，分公司将平台化施工模式作为重点推广项目，为作业系统健康发展找到了突破口和发力点。作为第一批先期试点队伍，作业一大队发扬"硬七队"精神，全面激发人员潜能、设备智能、队伍产能、保障效能、管理动能，以"五能"驱动平台化运行，形成了一套可操作、可借鉴、可推广的新模式，让平台化运行成了作业系统的新风尚。

井下作业一大队员工施工前召开安全会

向人员要潜能。一线作业，人是第一生产力。解决好人的问题，是解决一切问题的根本。作业一大队先给人"定量"，折算单机单日的用工量，按照上一休一的原则，测算出9∶1的最优人机配比，单是起下工序就由4人减少到了1人。再给人"赋能"，把一线作业队细化为4类管理岗位和6个作业班组，配备9名管理干部及18名平台操作手，实行管理干部共享、班组员工循环的工作机制，通过明确的角色定位，实现以专攻促高效。任务加倍，工作强度会不会也加倍？这是试运行第一天，作业105队队长最担心的地方。他在两个施工现场往返跑，直到看着员工可以利用机械手臂下油管的时间，完成下道工序的准备工作，他才放下心来。试运行的第一个月，作业105队就取得了月完成8口井的好成绩。

向设备要智能。好马还得配好鞍，平台化施工的推进，少不了自动化设备的加持。作业一大队坚持主机智能化、功能集约化、生活一体化的"三化"原则，不断提高设备功能与平台化施工的契合度。自动化设备运行初期，受井场环境和操作熟练程度的影响，作业102队出现了生产进度滞后的情况。队长赶紧联系生产厂家，一听磨合期起码要两年半，他立马急了眼，召集大伙开了个动员会："厂家说要两年半，我偏不信！咱必须把这块硬骨头尽快啃下来！""硬七队"攻坚啃硬、奋发大干的队魂，可不是白叫的，他们主动请战多种井型，3个月内改良了87项问题，让新设备直接跨入了成熟应用阶段。通过自动化设备的现场应用实践，实现了井口无人值守和地面一人操作，搬迁就位综合时效提高了35%。

向运行要产能。平台化运行，讲究排兵布阵。作业一大队探索出了多支平台队伍接续施工、一支队伍多机轮转循环、班组破界穿插的施工方式，开创"六班流水式"倒班先河，针对用工量大、工况单一、排液周期长的不同情况，定制了加强式、早工式、穿插式等3种衍生模式，全力以赴谋提效。2022年10月，作业106队在压后扩散期间，接到紧急电话："作业107队井内压力增高，需要支援，你们队伍离得最近！"队长一听立马行动，留下两人放压，带领其他员工赶往作业107队井场，仅用4个小时就完成了原定7个小时的工作量。2022年11月，作业106队、作业107队强强联合，创造了16天连压13口大型井的新纪录。通过科学运行，作业一大队单队单机可年压裂油水井36口，人均创收和创效能力比常规队伍分别提高38.1%和11%。

向保障要效能。平台化运行要提效，保障就得跟得上。作业一大队持续精干主体作业环节，将吊卸驴头、平整井场、全面收尾等劳动强度大、施工节奏慢的工序划归到保障队，将主体作业工序由28道缩减至16道，实现了班组劳动强度和生产时效的一降一提。保障队的作用，在搬家作业期间体现得尤为突出，他们利用主体队伍吊装运转设备的时间，完成新井的洗井、吊驴头、砸钉警戒杆等"杂活"，让新井具备"搬完即开工"的作业条件，通过新旧井场同步施工，强势助力生产提效。

井下作业一大队一线员工开展新设备操作培训

向机制要动能。平台化运行是个新鲜事，得把制度捋顺了，才能让新鲜事落地生根。开展"平台化"运行初期，作业一大队就先后完善并修改了应急预案、防喷演习标准及"两册"内容，重新梳理了156项岗位职责，完善了8个管理办法，制定了《小修作业智能一体化平台操作规程》

等 12 个操作标准，做到了操作步骤清、岗位权限清、应急处置清。自 2018 年起，作业 110 队连续 6 年获得了分公司 HSE 年终评分第一名。有啥制胜秘诀？作业 110 队队长表示，按规矩干活就是最大的秘诀："岗位职责是啥、有啥风险项，都能在'两册'和操作规程中找到答案，员工心里门儿清，干起活儿来自然有抓手。"

在探索完善"五能驱动式"平台化运行模式的道路上破冰前行，作业一大队构建了以作业 102 队"一队三组四机"为代表的平台化生产运行格局，实现了由点到面的大范围辐射式，为平台化施工的规模推广积攒了宝贵的实战经验。

华丽转身启新篇

2021年10月,按照"油公司"模式改革相关要求,原第一采油厂作业大队相关业务划归到分公司,正式更名为修井四大队。

这次的专业化归核,改革涉及的面大、难度高,后续的业务问题、人员问题、发展问题,一系列的问题裹挟历史摆放到了桌面上。既无前情之鉴,又无旧章可循。考验?新路?实现?这一连串迫在眉睫的问号,急需应答,更要交出一份满意的答卷!

改革,是企业持续自我进化,不断注入新活力,实现基业长青的必由之路,也是一条曲折蜿蜒、上下求索的布满荆棘之路。

"小修为主、大修为辅",改革前的生产模式更倾向于配合常规性作业,距离专业化的修井管理还有很大差距。面对这些困难挑战,分公司领导班子多次实地考察、深入调研,从板房改造增设休息间、设备升级等关乎员工感受的大事小情做起,为大队配备修井机17台、设备设施及工用具3000余套件,为全面转型提供坚实的物质保障。

"稳人心、稳队伍"。思想是一切行动的先导,思想稳才能确保改革顺。面对隶属关系转变、主营业务转型升级等事关大局稳定的重点敏感问题，以及干部员工对改革工作的诸多关切，分队包保，宣贯传达，逐级做好答疑解惑和思想疏导，帮助员工算清收入账、利益账、发展账。把政策的"最后一公里"真正联通到广大员工心中。

"三年转型、五年发展"。改革需深刻认清现状，不断规划、调整发展路径。针对高附加值业务不足、产值收入不高、创效能力不够等一系列问题，计划三年内实现所有队伍由"小修作业"向"修井作业"转型升级，到2025年，形成26支修井队伍，具备年730口大修井的施工能力，力争五年内实现施工能力大幅提升、整体业务扭亏为盈、经济效益稳步增长。

打造一支能与未来业务发展相匹配、相促进的精干高效队伍，是改革的重心。由"保障型"转变为"效益型"，更是改革的目标所在。

在分公司指导下，大队积极调整队伍结构和配置，重新梳理机关岗位职能，由原来的34人减少到23人，管理职责更明晰、工作更高效。在服务保障序列的优化上，实施了"两整合三集中"，合并组建特车保障和生产保障队，统一管理，提高多种车辆间的配合保障效率。对同类岗位进行集中管理，成立经管组、修井技术组、维保班3个专业化班组，任务统一安排、问题统一处理，专项服务水平得到有效提升。

为了快速融入分公司生产模式，在大修队率先实施"24小时驻井"连续施工模式，积极为员工配套住宿所需，改善饮食起居，大力强化生活保障，解决运行配套难题。通过正向引领、逐级包保、政策激励的方式，快速消除员工畏难情绪，真正从根本上改变了原隶属采油厂长达十六年之久的"长白班"倒班方式。

井下修井四大队一线干部员工合影

移植修井业务成熟经验，为大队进行修井机自动化升级改造，通过修井项目部协调方案，打破传统单队单机方式，探索实施一队多机平台化施工模式。特别是劳务人员的不断补充，有力解决了大队员工平均年龄偏大的固有难题，极大提升了运行时效。

走出"舒适圈"、开拓"新领域"。巨大的创效压力，迫使大队迈出了"走出去"的坚实步伐，逐步承接了第二采油厂、第三采油厂、第六采油厂部分作业施工任务，为后续"立足一厂、放眼油田"的业务版图构建不断积累经验。

作为主体业务普修施工能力，由2021年的施工200口，提升至2024年的360口，提升近80%。作为转型过渡期的小修施工能力，由2021年的1744井次，提升至2024年的2022井次，业务能力始终保持一定的市场占有率。

改革前，作为一支"内部队伍"，大队的大修仅以施工解卡打捞和简单整形井为主。面对井况愈加复杂、技术手段单一、修井工具不足的困境，整合优化业务分工，构建系统化、专业化的技术管理体系，开展多种形式培训，加速顺应发展趋势，势在必行。

面对施工井型多样、难度逐步增大和修井技术力量不足的难题，大队吸纳各修井队技术骨干，成立技术攻关团队，按照"平常分散、用时集中"的管理模式，构建"力量联合、工作联动、资源联享"的三联机制，充分发挥攻坚克难作用，提高技术攻关能力，实现"1+1＞2"的效果。

12名技术骨干，三批次，2个月，通过全程驻井学习，了解兄弟单位运行模式、处理难题思路，加快成才速度。多轮，500人次，轮岗实训，做到"干中学，学中干"；开展"青年大讲堂""师带徒""技术大比武"等活动，营造"比、学、赶、超"的浓厚氛围；每季度组织技术分析交流会，对施工过程进行复盘总结，加快技术人员成长速度。

借鉴先进的修井技术和治理理念，新成立的修井专家组对顶驱、小通径找打通道、落物打捞、压裂砂卡井、吐砂吐泥岩井、加固管错段治理、报废技术等七项课题进行潜心攻关，技术水平实现了大幅提升。2024全年共施工疑难井51口，治理成功率84%。较改革前提高了1.4个百分点。总体修复率89%，始终保持较高水平。

井下修井四大队一线员工进行巡回检查

控本、增效、减亏、扭亏。如何实现高效益，大队主动走进改革"深水区"，深挖内部资源、优化调整政策、找准管理重点。

"小步快走，平稳过渡"。结合业务类型、人员数量、劳动强度等因素，重新测算调整板块、岗位、工时三个系数，同时在队伍缺员、转型过渡上给予绩效保障政策。2023年薪酬总额投放同比增长9.68%，后线员工收入稳步提升、前线员工收入再创新高，助推了大队的整体转型，做到了绩效考核"精算"。

"保障转型，压缩日常"。由财务系统联合各费用管理岗位进行多轮次模拟测算、修正和调整，列出转型所需的工具物料、机械加工等"支出清单"，做到"把钱花在刀刃上"。2023年全年非生产性支出对比改革前下降2.23%，在施工能力全面提升的大背景下，做到了成本支出"精控"。

"细化井型，优化流程"。制作包含主工序56项，附加工序173项的工序清单模板，实现标准化资料录入。将原有多点繁杂环节，优化为并行同步流程，制作结算流程表对照执行，提高结算效率，做到应结尽结，确保产值收入最大化，做到了产值验收"精细"。

艰难方显勇毅，磨砺始得玉成。统一的思想、坚定的信心，在转型升级高质量发展之路上，分公司蹄疾步稳、脚步铿锵，积极探索修井行业专业化管理模式新实践，交出了"油公司"模式改革的崭新答卷。

一张"白皮书"折射出的"早细严实"

2022年初,一本题为《井下作业分公司2022年工作要点》的"白皮书"摆在了分公司各单位、各部门的案头。几个月过去了,这本书尽管已经被翻看得卷了边,却仍被大家当作"宝典",放在触手可及的地方。

为进一步落实油田"三件大事"战略部署,分公司锚定"服务油田百年振兴发展"目标任务,注重顶层设计,加强统筹谋划,创新推出了重点工作"白皮书"。这本"白皮书"不仅是服务油田的核心内容、现实路径和最有力抓手,也是今后确定方向目标、谋划战略举措、制定政策计划、推进各项工作的遵循和引领。

是"按部就班"推进还是"早细严实"部署?从年初确定目标任务,分公司就第一时间组织相关部门对接油田要求,"抢前抓早"安排重点工作,详细制订了推进各项工作的"白皮书"。

部署早一步,工作更从容。"白皮书"分系统、分部门,围绕全年任务目标,列出了8个方面共计108项重点工作,逐项划分责任部门和责任人,一目了然,传导压力,增强动力,引领各项工作始终沿着更高质量、更有效率、更可持续方向迈进。

"白皮书"彻底转变了大家的工作思路。以前大家是等安排，上级指到哪里，大家打到哪里；现在大家是按照"白皮书"主动领任务，琢磨办法，充分发挥了主观能动性。为进一步提升页岩油现场管控水平，大型压裂项目部积极思考，通过开展联合现场检查，制订页岩油高压件管理办法，建立现场门禁管理制度，研究页岩油工厂化施工标准布局，为顺利完成古龙页岩油2号试验区试油压裂施工这项重点工作提供了重要保障。

井下作业分公司 2022—2024 年工作要点

井下作业施工都是技术活儿，技术上的突破最重要。"白皮书"系统梳理了施工中遇到的瓶颈性技术难题，绘就了技术攻关的"路线图"，更成为各单位、各部门赢得工作主动性的新"法宝"。

挂图作战，让重点工作"跑"起来。工程地质技术大队按照"白皮书"中列出的重点技术攻关任务，紧盯时间节点，高质高效推进，修井取换套技术攻关取得了明显进展，套铣效率提升至1小时/米，较常规方法提效3倍以上，加强人工裂缝有效维护技术攻关，单井累计增油超过250吨，投入产出比1∶2以上。

一项项重点工作快速推进的背后，"白皮书"功不可没。聚焦油田"加快建设世界一流企业，当好原创技术策源地标杆示范"目标，立足老油田大幅度提高采收率、陆相页岩油规模效益开发、智能油气田开发、新能源开发利用等"四大领域"，强力打造效益勘探压裂技术体系、精准开发压裂技术体系、低成本压裂液技术体系等"七大核心技术体系"；深耕创新驱动发展领域，成立分公司科技协会，与大庆油田有限责任公司采油工艺研究院、中国石油集团工程技术研究院有限公司联合成立了"复杂老井治理技术研究中心"，构建修井技术"产学研"一体化研发基地；持续挖潜管理创新效能，完善标准化、区域化、平台化运行，压裂板块突出区块"歼灭"施工，将区域内独立井和平台井划归为大平台，扩大区域化施工覆盖范围，实现独立井间串联和平台多井并联施工，提高压裂泵注效率；修井板块搭建"1+N"主副平台运行模式，形成4种修井平台化运行组合方式，加强人员、信息、车辆等"五个共享中心"建设，保障单元整体迁移，大幅提高了作业施工效率。

2023年，22个方面、78项要点工作，挂图督战；2024年，26个方面、99项重点工作，压茬推进。每年一本的"白皮书"，不仅是规划工作怎么干的一张"作战图"，也是推动工作难点问题解决的"军令状"。在明确重点工作部署的同时，通过跟踪、细化各项工作完成情况，建立工作台账、督办工作进展、反馈工作结果，纳入年度考核，形成有机闭环，确保各项重点工作按时有序推进。抢早、抓细、从严、务实，分公司依托"白皮书"，全面助力油田增储上产，以严实作风谱写了服务油田高质量发展新篇章。

"六大工程"开启新征程

为了走好新征程服务油田之路,分公司党委锚定"三件大事",勇担"特种部队"重任,全面打造、深入推进"六大工程",以实际行动践行责任与担当,实现了企业的高质量发展。

2023年,分公司牢记习近平总书记重大嘱托,站位服务稳产大局,精心务实谋划,提出实施"五大工程",引领井下事业发展,整体保障能力显著增强,科技增油效果稳步提升,产值规模再创历史新高,安全生产态势积极向好,人才队伍持续发展壮大,开创发展崭新局面。在技术创新上与时俱进、在主业发展上提档升级、在行业标杆上走在前列、在保障稳产上贡献更大力量、在队伍建设上纪律严明、在思想政治工作上忠诚向党。

2024年,分公司主要领导在六届三次职工代表大会暨2024年工作会议上的提出,要把"五大工程"向更宽领域延伸,向更深层次推进,向更高质量谋划,丰富拓展"党建增力工程",全力打造政治优势突出、方向重点明确、战略目标深远的"六大工程",支撑引领分公司走向美好未来。

井下作业分公司六届三次职工代表大会暨2024年工作会议

能力提升工程，就是要不断突破提速提效瓶颈，推动全业务链提档升级，把主营业务做大做强，为油田稳油增气提供更大能力保障。

技术创新工程，就是要加快培育形成自主化、系列化、高端化、高效化的核心技术体系，在行业竞争中始终处于第一方阵，发挥更大科技增油作用。

标准化建设工程，就是要打造涵盖各环节的标准化技术体系、标准化生产组织体系、标准化费用管控体系，筑牢长远发展根基。

提质增效工程，就是要突出收入与降本并重，持续提升产值收入规模和创效能力，确保实现人均创产值百万目标，效益类指标走在工程技术服务单位前列。

安全环保工程，就是要充分释放严抓严管信号，持续深化"一失万无"工作理念，靠实管控举措，常抓不懈，时刻紧盯，守住发展红线底线。

党建增力工程，就是要进一步彰显党建在总体工作布局中政治引领、把关定向、统筹协调、推动落实的功能定位，以高质量党建引领高质量发展。

"六大工程"是分公司党委、分公司深思熟虑，站在"端牢能源饭碗"的政治基点、当好"特种部队"的贡献基点、走稳长远发展之路的成长基点上提出的。从"1336"发展战略，到"打造六个新铁军、谱写六个新答卷"，到打造"四高四能""特种部队"，再到"六大工程"的提出，每一次筹谋，都彰显了分公司党委、分公司审时度势的坚决果断、攻坚克难的优良作风，站在奋力走好延续25亿吨新辉煌的长征路上，聚焦"一稳三增两提升"奋斗目标，加速上扬成长"第二曲线"，想要在关键时期发挥关键作用、特殊阶段敢于攻坚啃硬，就得从能力、技术、管理等方面打造"升级版"，纵深推进"六大工程"，在稳油增气大局中彰显"特种部队"水平。

战略指引方向、决胜未来。分公司以对油田和历史负责的强烈使命感，坚定树牢服务油田主导思想不动摇，信念如磐、初心如故，应变局、开新局，在奋进中迎得了发展的昂扬气象，铸就了产业报国的生动实践。

围绕保障稳油增气谋发展，大力发展业务，变革运行模式，全力提速提效，在自然减员的情况下，压裂能力、修井能力逐年递增，连续油管持续壮大，总体施工能力逐年提升，施工井数连续两年破万口，用坚强保障展现了服务油田新担当。

坚持科技赋能引领发展，攻关了非常规储量效益动用、老区剩余油精准挖潜、套损井修复、天然气提产上产等一大批高效技术，突破了疑难井、川渝隐患井等一揽子治理难题，发展了连续油管、带压修井等一系列先进工艺，措施增油效果显著，用科技贡献续写了服务油田新篇章。

深入推进提质增效，精心续写开源增收、降本增效"两篇大文章"，收入规模一年一个新台阶，连续3年突破60亿元，实现总体增长，油田绩效考核指标评级始终处于A级，位列工程技术服务板块第一，用良好业绩诠释了服务油田新作为。

坚持"以效益为中心，以技术闯市场"，从伊拉克、蒙古国到川渝、华北，从压准、普修到连续油管、带压修井，从配合施工到自主设计一体化运行，市场规模不断做大，业务领域更加多元，走出去越来越稳，竞争力越来越强，近四年累创产值占"走出去"27年的一半以上，用市场增收拓展了服务油田新空间。

坚持把安全环保作为头等大事，突出"严字当头"主基调不松懈，抓思想、提能力、强监管、防风险，开展了一大批隐患治理项目，配套了一大批监督保障设施，基础工作全面提档升级，荣获油田公司"安全生产、文明生产"金牌单位四连冠、环境保护先进单位十一连冠，用平稳态势塑造了服务油田新形象。

树牢"以人民为中心"的发展思想，努力将发展成果惠及员工，自动化、智能化、清洁化等一批设备投产落地，登峰广场、井控车间、连续油管基地、应急抢险基地等一些重点项目筹建完建，人才培养使用政策全面推广，员工生产生活环境持续改善，基层一线员工收入连年增长，用和谐共进铸就了服务油田新风貌。

坚定听党话跟党走，始终以习近平总书记重要指示批示精神指引发展航向，党组织活力更加充沛，党员干部作风更加严实，党建基础工作更加规范，党建增力作用充分发挥，培育了一支"对党忠诚、服务油田、能打胜仗、作风优良"的铁军队伍，用强根铸魂打造了服务油田新生态。

推进"六大工程"，蕴含着为油拼搏的政治担当，更体现了胸怀油田的奋进意志。前路已然铺就，未来宏图在手，"六大工程"开启服务油田新征程！

破纪录 100 口

随着杏 9–丁 4–135 井解卡打捞顺利完工，井下作业分公司修井二大队修 203 队的 34 名干部员工振臂欢呼，2023 年初立下的 100 口"军令状"已经胜利完成，单队完成年修井过百口，这在油田历史上尚属首次，标志着修井速度跨进新赛道。2024 年 1 月，修井 203 队被评选为油田公司功勋集体。

一年修了 100 口井，这个成绩的取得实属不易，更得益于"平台化+自动化"施工模式的探索。

2023 年，为落实油田提升措施保障能力、突出服务稳产作用的安排部署，分公司大力推进平台化施工，以修井 203 队的试点，探索平台化运行和非专业化辅助工序改革，打造导向性模式。

井下修井 203 队修井突破 100 口

探索修井施工新模式并非"百米冲刺",而是一场"马拉松"。不是冲得猛、跑得快就好,而是在稳中求进中找到适合全分公司推广的可持续之路。

一队双机如何运行是首要解决的问题。"集中兵力先干一口井!""井筒情况复杂时怎么办?"一场大讨论在会议室里激烈地进行着,对于高效应用自绷绳自动化修井机开展平台化施工,大家都绞尽脑汁出谋划策,想为队里做点贡献。最后通过分析研判,他们意识到待修井呈区域分布时,如果构建好人员配置,就会迎来平台化实施的"天时、地利、人和"。于是"干部一拖二、员工三班倒、辅助轮换制"的组织方式也应运而生,提高工序衔接、提升人员素质、加强设备维护等一系列配套方案也犹如雨后春笋破土而生,一场会议定下了施工运行的预备方案。

兵马未动,粮草先行。有了初步的指导思想,还要在生产组织中付诸实施。施工准备便是最基础的工作,做好了事半功倍,做不好事倍功半。"去前面探个路,抓个'舌头'回来!"所谓的"舌头",是落实井况、设计好施工规划。每次在取得井号后,队长都会带着大家解答这样的必做题。施工油井前,提前两天联系采油厂进行拆机;雨季施工时,组织人员挖沟引水,及时联系大板垫路等。凭着抓好井史、井况、井场、备用井号的情况落实的一手好本事，做足井场搬迁、保障措施、特殊工艺、升级管理、极端天气等5大工况的"提前量"。2023年，他们始终保持当天搬迁、当天准备、当天起下管柱的运行节奏，整体搬迁速率提升了57%。

守正创新，是老字号能够历经沧桑而生生不息的"传家法宝"，也是加速平台化轮转、实现快速施工的"不二法门"。提速增效若只靠工序上的快速衔接，往往是不够的，还需要在修井技术上出实招。

杏11-2-丙23井，是一口电泵井，产量高，因内部结蜡严重，管柱结构复杂，在经过前期作业队伍10多天施工后，最终以终止施工收尾。甲方出具的大修设计以工程报废为最终目标。拿到该井设计方案后，修井203队干部第一时间召开碰头会，详细查阅井史资料和地质数据，参考以往经验，制订修井措施，预判施工风险。针对结蜡严重的难题，按照先管内后环空的思路，设计出 $\phi 62mm$ 管内刮蜡器的技术革新，成功建立起了该井的油套循环，为后续施工创造了空间。经过管内切割、电缆打捞、膨胀整形、焊接加固等多道工序，仅用12天就成功恢复了该井产能，大大超出甲方预期。

修井203队年修井达到100口，修的可不全是"轻松井"。针对注采关系不平衡、地层运移等产生的大量大位移错断井，已有打通道技术措施收效甚微的现状，修井203队主动承担分公司"大位移活性错断井修复技术"试点任务，及时成立疑难井治理技术攻关团队，通过调阅上百口井的钻井、录井、作业施工资料，深入分析地层压力、地质结构、套损套变规律，开展修井工具现场论证试验等举措，成功配套研制出5类共计23种专用工具，形成了16项针对大位移断口的稳、找、通、修、捞革新技术，治理成功率由2.1%提高到70.9%，施工周期缩短11.3天，推动油田大位移套损井治理技术实现跨越性突破。

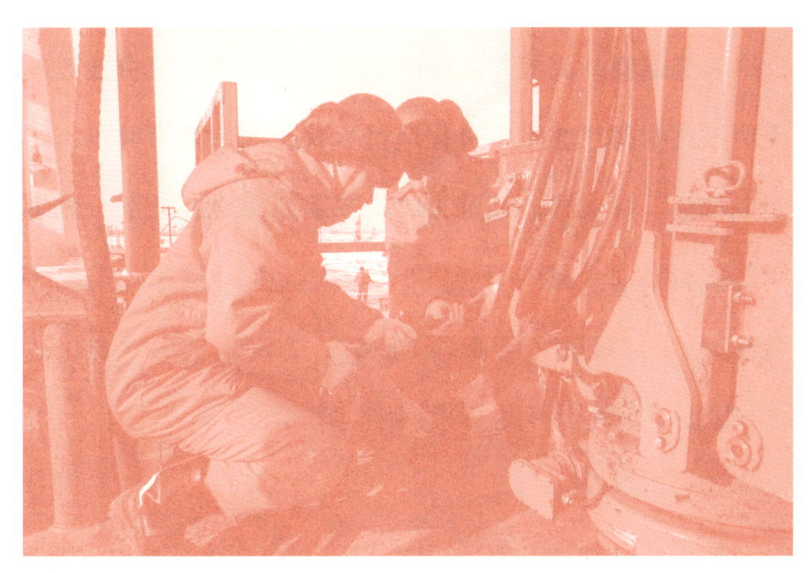

井下修井二大队一线员工检修施工设备

平台化改变了修井施工模式由单队单机向一队多机的方向转变，在同一平台上施工的队伍，资源、信息、技术、人员、物资实现共享，队伍的施工能力得到了大幅提高。修井203队通过开展一队双机的平台化生产模式，全年完成修井100口以上，单井施工周期缩短1.1天，施工效率提升14.1%，施工能力提高38.9%，单人创效提高30.1%，创造油田修井历史一个新的里程碑式的纪录，为油田修井技术服务树立了一块"硬"品牌，以高超的"医术"成为甲方信赖的"免检单位"。

借鉴前期平台化施工经验，分公司积极拓宽修井平台化作业面，通过深化技术创新、优化运行模式、细化标准化建设等手段，努力打造模板，让更多的修井队伍能以最少的人员配置，完成高效率的施工。2024年，修井205队成功复刻修井203队平台化运行模式，两队携手并进，共创"双百"好成绩；修井107队一手抓疑难井攻关，一手抓普修井作业，采用平台化"一队三机"模式，实现了"普修井+疑难井"年修井100口，为深入推广平台化运行，提振了士气，提供了可复制案例。

突破"非常规" 挑战"不可能"

围绕油田公司"一稳三增两提升"的奋斗目标,井下工程地质技术人员聚焦分公司"六大工程"中"技术创新工程",始终牢固树立"以技术换资源"的坚定信念,面对非常规储层改造、开辟新接替领域方面的每一项新课题、大课题、难课题,都以坚韧不拔的毅力潜心钻研,全力攻坚。

突破"非常规",为压裂技术"开疆拓土"。大庆外围扶余致密油储层,就像磨刀石一样坚硬,多年来一直未能效益动用。工程地质技术人员暗下决心,一定要把这块"硬骨头"啃下来,为井下技术正名。他们一边对标学习国外非常规储层改造方法,积累迭代升级缝网体积压裂工艺经验,一边深耕高强度加砂、密切割布缝设计理念。2018年,开始在塔21-4和芳198-133区块开展试验。为了保证178口试验井尽快投产见效,他们向油田公司立下军令状,势必赶在单井地质方案结束的7日内,完成压裂方案设计。时间紧、任务重,方案设计组编制方案、汇报、修改、再汇报……无数个通宵达旦,一次次推倒重来,终于换来设计方案的大获成功。在油田公司组织的方案评审中,工程地质技术人员凭借完美的发挥、专业的解答，赢得了专家们的一致好评。再好的设计，也要落地才能见效。为了保障方案设计在一线得到不折不扣地落实，他们常年驻守在施工现场，困了累了就抓住施工间隙，在指挥车的长椅上眯一会，施工到紧要关头，经常连饭也顾不得吃，不错眼地盯着每一道工序，确保不少一方砂、不差一方液。大家心往一处想、劲往一处使，试验井压后增产效果尤为显著，累计增油13万吨，获评集团公司优秀示范工程项目。

井下地质压裂一室青年突击队开展"非常规储层高效改造"技术研讨

在石缝里挤油，从追赶到领跑。改造对象几经变迁，但"打造自主核心技术"始终是终极目标。

挑战"不可能",为稳油增气"开路架桥"。2022年初,油田公司提出了"加快压裂核心技术攻关,破解古龙页岩油效益开发难题"的殷切期望,工程地质技术人员积极响应、主动担责。从千米地层取出的页岩岩心,就像黑色的酥饼一样易碎易裂。想要准确获取地层真实参数难如登天。理论攻关阶段,为了保证实验数据的准确性,他们驻扎东北石油大学非常规油气实验室210天,与外协方反复探讨实验方案,确认实验流程,核实实验数据,高质量完成了岩石力学、渗流机理等5大类共计118组实验。项目组在此基础上,总结得出了古龙页岩油增产改造的六个关键认识,优化形成了以"造长缝、防窜扰、强支撑"为核心的瀑式压裂工艺技术,为页岩油措施增产探索出了一条新路子。

井下压裂一室技术人员在讨论页岩油井方案设计

在试验井古页 3-Q9-H3 井的压裂施工中，又遇到了难题。由于井筒周围天然裂缝比地质解释的更为复杂，压裂施工初期频繁遭遇砂堵。如何顺利完成设计加砂规模，成了第一个"拦路虎"。有挑战，才能有进步。工程地质技术人员开始跟困难"死磕"，白天在现场指导压裂施工、处理异常工况，夜晚回到驻地顾不得休息，就打开压裂曲线继续复盘分析：要想不砂堵，就必须在连续加砂前把天然裂缝封堵上，还要把主裂缝撑得足够宽。定下这个科研思路后，摸索总结出了一套以"压前低排量注入测试、压中高黏胶塞预置"为核心的施工诊断处理方法，一举破解了加砂难的问题，试验井单段最大加砂量 315 方，创造了页岩油加砂的新纪录。经过 16 个昼夜奋战，最终圆满完成全井施工。该井压后累产油达 6800 吨，改造段长度仅是邻井的一半，产量却是邻井的 2.4 倍，实现了分公司页岩油水平井自主设计施工由"0"到"1"的跨越。工程地质技术大队压裂一室连续两年被油田公司授予"勘探领域优秀攻关团队"的荣誉称号。

2024 年，分公司组建攻关团队，以"压注"为核心理念，创新开展了三类油层压裂蓄能辅助化学驱技术研究，助力三类薄差油层规模效益开发，在杏二区中部成功试验了三类油层压裂蓄能辅助化学驱技术，两口注入井压力平均降低11兆帕以上，7口受效采出井日增油合计达6.2吨，实现了"单井改造、全井组受效"的效果。该技术针对三类油层平面连通质量差、储层非均质性强等问题，通过"压注"理念，先将三元液打入地层形成远端蓄能，再进行常规压裂，使储层均衡动用，提升周围油井产量。试验中，X1-4-3E5井注入压力明显降低，日增注10立方米，受效油井平均日增液4.2立方米、日增油2.9吨。该技术为大庆油田三类油层18.6亿吨储量效益开发提供了新的技术手段，具有广泛的应用价值和推广前景。

秉持科技创新的信念，分公司的技术精英们，突破一个又一个"非常规"，挑战一次又一次"不可能"，用一滴滴汗水、一次次攻关，让"以技术换资源"的梦想照进了现实。以来时的艰难险阻，换科技增油的美好未来！

物料出厂　直达现场

五年内压裂支撑剂发放量翻了四番！这物料该怎么保供？物料直达！

随着油田压裂对支撑剂的需求量剧增，支撑剂的发放压力也随之剧增，其保障服务成本呈逐年上升趋势。如何保障现场用料？降本增效的路径在哪里？

"聚焦辅助业务链条，探索完善物料直达现场、储存站点前置保供方式，及时跟进评估施工现场和后线保障单元专业化转型成效，畅通关键工序设备、特殊物料等保障渠道，支撑主业提速提效。"在2023年的分公司职代会上给出了支撑剂保供的优质答案。

井下砂酸厂员工正在巡回检查

如何落实分公司会议精神，让物料快速出厂，高效直达现场，相关单位和部门以降低专业化生产保障服务成本、提高支撑剂保障效率为切入点，积极运用网格化管理模式，重新优化了生产管理流程。

变"单打独斗"为"握指成拳"。业务各自为战，仅靠生产从中协调是无法形成合力的。为此他们打通堵点，打破部门壁垒，将方案设计、生产组织、质量监管、库存动态、现场运行等五个板块"捏"成一个单元，形成了"五位一体"的生产组织模式。方案设计超前计划、生产组织灵活变化、质量监管标准细化、库存动态实时量化、现场运行高效简化，这五指握成拳，力道更大了，高效联动，为实现物料直达创造了先决条件。

变"地理相邻"为"数智融合"。将油田本土划分为21个施工区域，建立了21个前线供应站点，可直接接收厂家配送的物料，辐射半径为20至30公里的压裂施工现场，形成施工区域全覆盖的临时保障站点网格分布。同时每个站点配有移动化验室，对物料进行接收、卸车、质检、储存、就近配送、加砂等，形成网格化全覆盖。网格内各站点互通互联，可最大限度实现信息、资源共享。

不久前，和平站点按生产运行计划，报送了1000吨70/140型号的成品砂用量。相关单位立即协调了四五个厂

铿锵足音

井下砂酸厂员工正回收原砂

家，从不同地点用车辆进行配送。

每辆车装载量最多40吨，1000吨砂大概需要30辆车。按照理想化运行，从厂家协调配送，需三天送到现场。但当天由于未能按计划完成工程施工，导致20多辆车的成本砂无法卸车。为保证后续工作顺利进行，通过平台协调厂家改派，将成本砂迅速送至附近的浩德库房。

所谓平台，就是"智慧井下平台"。将厂家信息、物流动态、库存动态及现场实况录入该平台，实时掌握厂家运输车辆轨迹信息，动态调整汽运直达，减少倒运次数，进一步提高了物料直达现场的比例。

时间是变化的标尺，空间是更迭的参照。以前，大多数的压裂支撑剂依靠火车运输，运输周期长，一次抵达物料多，不仅需要倒运，还容易积压库存，最高点需要日清货1.5万吨。如今，采用物料直达，库存从过去的25万吨优化到15万吨，减少了2万平方米库房租赁，平均加一罐砂的时间从过去的30分钟缩短至10分钟，效率提高了两倍。依据工艺类型和施工规模，继而拓展形成了"直达现场、直达基地"两种保障模式。日汽车运输能力由200吨提高至700吨，2个南北保障基地和11个前线库房、站点，日供砂保障能力由1500吨提高至2500吨。

物料直达的保供效果和降本增效成果直观可见——仅2023年上半年试运行时，物料直达同比提升39.8%，专业化生产保障服务成本同比降低23.3%，收获了效益装卸率首次小于1的好成绩。

物料直达的创新管理，打破传统"厂家发货—后厂配送—现场施工"保供模式，实施厂家"线上接单、线上发货、直达基地、直达现场"，高效快速的"闪送"模式，实现各站点资源在线调拨，运输轨迹动态跟踪和调整，有效缩减中间流转环节，降低了一体化服务成本，成为降本增效的"利器"。

一颗颗压裂砂如同压裂血液中的细胞一样，进入到丰厚的油层，滋养着油田的高效开发。从2023年以来，物料直达模式的高效开展，累计为5200余口压裂井提供了近120万吨的压裂支撑剂保障，为助力油田稳产和分公司高质量发展提供了坚实的物料保障。

"聚育理用" 激活人才管理一池春水

2023年，分公司提出了"大力推进以'管理+技术+技能'人才为核心的'235'人才培养'千人计划'"工作部署，分公司持续深化管理、技术和技能人才选育机制创新，不断完善人才布局、选聘管理、激励措施等工作举措，着力构建素质优良、结构合理、数量充足的"管理+技术+技能"人才梯队，带动形成人人渴望成才、人人努力成才、人人尽展其才的浓厚氛围，为打造以"四高四能"为标志的新时代"特种部队"、高质量服务世界一流现代化百年油田建设提供坚实的人才保障。

井下作业分公司核心技术人才培训

"聚才"，构建人才梯队"压舱石"。人才是创新发展的第一资源，强化顶层设计务必"选"好人才。统筹规划人才队伍布局，制订"235"人才培养"千人计划"工作等方案，细化人才层级、选用标准等内容，搭好人才队伍"硬骨架"。严格各类人才选聘程序，根据人才特点，采用基层推荐、量化评分等流程，共选聘出4个层级共计234名优秀管理人才、4个层级共计307名核心技术人才、5个层面共计477名核心技能人才，填好人才队伍"细胞"。划分人才队伍管理单元，按照人才岗位及专业，建立生产与技术管理、经营管理、党群管理3个优秀管理人才团队，组建修井技术、勘探压裂等6个核心技术人才专业组，搭建百名班组长骨干、百名关键岗位操作手等5类核心技能人才集群，理好人才队伍"脉络"，形成了岗岗有人才、层层有引领的人才队伍建设格局。

"育才"，做强人才"蓄水池"。推动人才强企有机融合，努力构建"大人才"格局。强化精准施策"育"好人才，聚焦提升人才素质，定制各类人才专题集中培训计划，优选师资力量、精心设计课程，累计举办各类人才培训班22期，参训人才760余人次，有效推动人才基础理论、创新知识提升。围绕拓宽人才综合能力，开展"企校合作"育才、"挂职锻炼"锻才、派员参加"高端培训"塑才等活动，选送优秀技术人才赴西南石油大学专题学习，组织机关与基层之间"双向挂职"，选派骨干参加集团及油田精品培训，激发人才创新思路、开阔创效视野。围绕日常持续交流培养，发挥基层党组织在人才培养上的主动性、能动性，引导基层单位扎实开展"师带徒"活动、组织修井107队技术员与分公司核心技术人才签订师徒协议，定期组织召开各类人才研讨会、交流会、座谈会，有效促进了人才快速成长。

"理才"，打造人才管理"强磁场"。重任在肩，更需加压奋进、"破茧"蜕变。强化举措创新"管"好人才，加速推动人才队伍建设。提升人才管理关注度，将"235"人才培养"千人计划"纳入职代会报告和年度重点"白皮书"，定人定时跟踪推进，形成人才队伍建设"齐抓共管"的生动局面。压实各类人才任务目标，制订技术、技能人才《年度工作任务书》，组织相关人员定期听取阶段工作汇报，让人才工作有方向、完成有保障。搭建人才队伍管理平台，探索管理人才"周周学、专题训、多岗练、季度评"活动，推行技术攻关"揭榜挂帅"、技能人才"难题攻关"等行动，引导人才管理单元开展业绩评比、竞赛攻关活动。2023年以来，分公司技术人才承担科研攻关54项、技术革新131项，组建技能人才一线生产难题攻关团队48个、攻克难题78个。

井下作业分公司核心技术骨干与修井107队
技术人员"师徒结对"签约现场

"用才",日趋成熟的人才队伍助推高质量发展,多专业力量融合推进生产经营提质提效。强化激励引领"用"好人才,培育竞相迸发良好氛围。建立年度优秀管理人才总结评比、核心技术人才量化考核、核心技能人才"积分制"考核制度,制定差异化奖励措施,实现激励与贡献大小、作用发挥充分挂钩,促进技术人才争相创新创效。引导人才主动承担管理创新研究、核心技术攻关等课题,让各类人才在攻坚中发挥作用、淬炼本领。动员人才积极参加集团公司、油田公司举办的各类大赛,广泛宣传人才先进典型,发挥人才示范引领作用。2023年,集团公司技术技能大赛井下作业工(连续油管作业)竞赛2人斩获个人

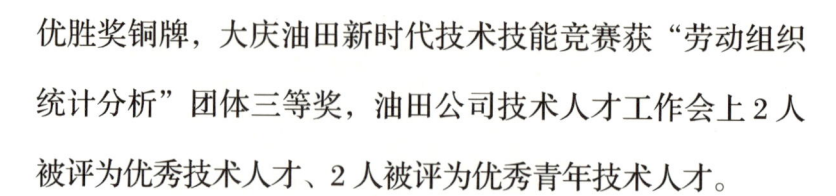

优胜奖铜牌，大庆油田新时代技术技能竞赛获"劳动组织统计分析"团体三等奖，油田公司技术人才工作会上2人被评为优秀技术人才、2人被评为优秀青年技术人才。

　　功以才成，业由才广。分公司不断强化各类人才的思想引领工作，创新人才管理体制机制，努力培育大批高素质、领军型人才，为建设世界一流现代化百年油田提供更优质的人才保障。

铁军育铁苗　百年不抛锚

2024年8月,第十届全国人大常委会副委员长、中国关心下一代工作委员会主任顾秀莲来庆调研关心下一代工作。顾秀莲强调,要深入学习贯彻党的二十届三中全会精神,以改革创新精神推动关心下一代工作,埋头苦干、勇毅前行,引领广大青少年奏响"请党放心,强国有我"的时代强音。离退休老同志不仅是大庆油田开发建设的时代功臣,更是新时期大庆石油人抓好"三件大事"、上扬第二曲线的一支重要力量。井下关工委以打造"6635铁苗"工作室为契机,引导和激励离退休老同志充分利用自身优势和专长,在建功百年油田的新征程上,发挥好"传承精神、维护稳定、促进发展"的特殊作用。

按照大庆油田《进一步加强关心下一代工作委员会工作的意见》和《关于"五老"工作室建设意见》工作部署,坚持多措并举,主动破解离退休老同志作用发挥主动性不高、平台载体少、活动领域窄等难题,切实发挥井下"铁苗"关工委"传统育新苗、严实树新风、百年建新功"的特殊作用。

认真设计制作井下关工委标识,明确关工委职责,提炼关工委文化理念，打造井下"6635铁苗"关工委品牌。以"铁军育铁苗，百年不抛锚"工作理念为指导，通过建立一技之长的"五老"师资、一字之师的公益课堂、一片丹心的志愿服务、一脉相承的系列教材、一马当先的主题实践、一心向党的铁苗队伍，做到"党群系统组织策动、深入聚焦思想发动、先优典型表彰带动、地企沟通社区联动、媒体平台宣传推动、经费服务保障驱动"，切实发挥了井下关工委"传统育新苗、严实树新风、百年建新功"的特殊作用，努力实现领导班子建设好、"五老"作用发挥好、制度健全执行好、积极探索创新好、活动经常效果好。

井下"铁苗"关工委走进"红八号"发源地，开展"传承'红八号'精神，当好油田'特种部队'"主题活动

同时对"五老"做到政治上尊重、思想上关心、生活上照顾、工作上支持，通过"三给三发"（给资质，发聘书；给荣誉，发奖状；给待遇，发奖品）的形式，建设学习型、服务型、创新型关工委，努力将井下关工委建设成为老有所为的重要舞台、老有所学的重要课堂、老同志服务党和油田的重要阵地。目前，已组建关工委队伍三支（思想政治、专业技能、文化艺术），共计96人，均下发了井下关心下一代委员会高级讲师聘书，为下一步开展各项活动奠定了坚实基础。

井下"铁苗"关工委走进107队施工现场，开展"铁军育铁苗，百年不抛锚"主题活动

分公司在服务油田开发建设、改造挖潜、持续稳产的工作中，涌现出以"战必用我、用我必胜的修井铁军"修井107队、会战时期享誉油田的"红八号"水泥车组、"攻

坚啃硬的作业尖兵"作业102队、新时期五面红旗、全国职业建设十佳标兵、全国"五一劳动奖章"获得者赵传利等为代表的一大批先进典型集体和个人，充分利用井下特有的资源，发挥老同志政治过硬、经验丰富、爱好广泛、感情深厚等优势，树立老同志的应为、可为、乐为意识。组织"五老"走进"全国先进基层党组织"修井107队党支部、压裂大队"红八号"大讲堂等企业精神教育基地参观，重温创业历程，传承红色精神；认真策划开展"大手拉小手"系列情感交流活动，积极做好青工入厂教育工作，组织"五老"与青年员工共同参观"永远的铁人，不朽的丰碑"主题展，开展"百年油田、百年铁人"线上书画展展开穿越时空的对话交流、"大手拉小手，书写新时代"书法传授、"云讲述"等系列活动，覆盖1800多位离退休老同志，有38人在各种活动中获奖，1人获得集团公司优秀"五老"荣誉称号。2023年开展的"铁苗品读、银发力量"好书共读活动荣获大庆油田工会优秀读书项目。

为扎实做好井下"铁苗"关工委工作室建设，在做好"6635铁苗"关工委顶层策划的基础上，积极搭建"铁苗"关工委宣传展示平台，在中国网、大庆油田报、铁人先锋、井下公众号等多方平台进行媒体宣传，美篇App"铁苗"美篇号浏览量达26万次。组建"五老"工作群、定期举办

"五老"微信工作会，多途径、多角度宣传104周岁老人周家勤等老领导、老典型、老同志生命不息、奋斗不止的昂扬姿态，展现他们老有所为、拼搏进取的精神风貌，放大老同志发挥作用的关注度，让政治信仰和奉献精神成为榜样引领，激发更多的老党员主动参与到发挥作用的行列中来。同时对作出突出贡献的老党员给予表彰和奖励，为老同志发挥作用营造良好的舆论和社会氛围。2023年井下作业分公司"铁苗"品牌关工委被列为首批油田"五老"工作室建设试点单位。2024年12月"铁苗"工作室通过大庆油田关工委验收。

数智化春风吹响铁军号角

想要查看修井施工关键控制数据怎么办？从井口转到转台，大泵绕到柴油机，井场走遍了，才能把数据看全，这是常规操作。而2024年分公司在修井一大队修井107队上线的这个基层数智化生产管理系统，鼠标点一点，就能实时查看12项关键参数，实现了生产经营管理由精细化向精益化的转变，让修井时效、安全作业跑出了加"数"度。

这是分公司按照集团公司数字化转型工作部署，深入贯彻《大庆油田数字化转型智能化发展纲要》，聚焦"业务发展、管理变革、技术赋能"三条主线，推动数智技术与主营业务深度融合的一次新实践。

数字化转型的背后是"智慧大脑"——井下应用系统集成开发平台的支撑。分公司是油田公司内唯一一家应用无代码开发技术的单位，这种开发技术从根本上解决了代码开发周期长，修改代码需要停止系统运行等问题。拿修井107队应用的这一系统来说，搭建系统框架，设计系统流程、应用界面，编制数据字典，分配使用权限……仅用10天时间，就完成了过去近半年的工作量。涵盖了"生产指挥、专家决策、应急抢险、绿色低碳、精益管理、数智党建"六大模块，贯穿了生产、技术、经营全业务链条，不仅能够对现场所有施工参数各个流程节点进行随时掌控，还具备设备维保、物料补充、特殊天气等超前自动预警功能，数智化开发效率提高了 90% 以上。

井下作业分公司生产指挥中心

数智油田什么样？一条指令直达现场、一组镜头监督全场、一个平台实现共享……以往需要"跑断腿"的活，现在能够轻轻松松地"一键解决"。作为第一批"吃螃蟹"的人，信息技术人员通过三年多的摸索，解决了原有 31 个自建应用系统存在的多系统填报、多账户登录、数据共享难等问题，实现了自建系统的同平台集成、移动端与即时通的有效整合、多元数据和三维场景的有机融合，推动了数智化建设向"高效率、强融合、速迭代"方向提升。

分公司包含压裂、修井、作业等多项业务，前线等待生产组织安排的队伍达上百支，后线需要协调压裂、准备、砂酸、配液等多单位进行生产保障，如何让所有生产链条实时受控？如何让生产指挥中心快速掌握整体情况、发出正确指令？"智慧井下"生产指挥系统，聚焦现场作业实时管控，为这些问题提供了最优解。以"一个中心、五个平台、八大模块"为核心的生产指挥中心，完成了由"单线指挥"向"信息互联"的转变，实现了生产经营的一体化统筹，生产、安全、技术、设备、物资同步在线，分公司作业生产调度、应急救援、决策指挥的能力和效率明显提高。队伍在哪里、设备在哪里、现场在哪里，生产指挥中心的调度管控就覆盖到哪里。

谋"新"更重"质"，数智化的潜能巨大。在数据治理、网络安全等基础设施建设方面，分公司同样铆足了力气。通过系统性梳理业务流程和数据资源目录，厘清分公司数据入库情况，推进数据采集；构建质控体系，完善数据采集标准和质控规则，强化数据治理能力；研究大数据算法技术，深入开展数据综合应用及挖掘服务，推动数据价值持续提升；精准科学布防，逐级压实责任，夯实"制度、技术、能力、意识"四条防线，实现网络安全监测、预警、应急处置闭环管理，持续筑建坚固可靠的网络安全屏障。

"用数赋智、以智提效、支撑当前、引领未来"，数智井下建设是实现分公司高质量发展的重要引擎，更是推动提质增效、创新发展的重要驱动力。通过锻造全业务数智赋能新场景，将集成技术向施工前线物联网数据采集、视频监控等方面进行延伸和扩展，打造多场景、多元化、生态化的集成应用环境，助力生产施工提质、经营管理提效、幸福指数提升，一步步地稳扎稳打，为分公司迈向规范化、高效化留下了坚实的脚印。

过去硕果累累，记录着努力与成绩；未来前景可期，承载着希望与梦想。分公司将紧逐"数智大庆油田"的建设浪潮，高扬数智化的风帆，探索更加广阔的发展空间，持续提升科技创新赋能作用，在建设世界一流现代化百年油田征程中，劈波斩浪！

走好服务一小步　基层管理大跨步

2024年，分公司立足服务油田"特种部队"的定位，作出了推进"六大工程"的重点工作安排。如何让各项工作部署有效落地？分公司党委以各级管理人员为发力点，开展"服务基层年"活动，大力弘扬"三个面向""五到现场""把麻烦揽上来，把方便送下去"等会战传统，积极践行"四下基层"要求，把更多的时间和精力投向基层，用心用情服务基层，帮助基层及员工解决实际问题。

"108队今天领4个封隔器、3个喷砂器，先把旧工具搬进来吧。"2024年8月19日，作业一大队工程技术队的工作人员一早就守在一个临时库房前，手持记录本，引导各小队领取当天所需作业工具。

以前小队领工具，要先报计划、开单子，再跟工具厂预约好时间，找车过去领，一折腾就得小半天。如果遇到小直径这样特殊的下井工具，程序更加复杂。耗时、费劲的问题被反馈到作业一大队工程技术队，他们经过商讨，决定由工程技术队人员提前结合生产需求，到工具厂"备货"。这样，不仅基层小队倒班上井时可以直接带走所需工具，遇到突发情况，也可以直接送达井上。

中共大庆油田有限责任公司井下作业分公司委员会文件

庆油井作党发〔2024〕9号

中共大庆油田井下作业分公司委员会
关于印发《井下作业分公司"服务
基层年"活动实施方案》的通知

分公司所属各单位党委（总支）、直属党支部：
现将《井下作业分公司"服务基层年活动实施方案》印发给你们，请结合实际认真贯彻执行。

2024年3月20日

井下作业分公司党委印发"服务基层年"活动实施方案的通知

  自分公司组织开展"服务基层年"活动以来，作业一大队以直属党支部为切入点，明确了实抓作风建设、严守党纪企规、强化流程管控、提升业务能力、开展政策宣教、推动化难解愁、大兴调查研究、展现人文关怀、狠抓整改落实9个方面的内容。通过帮助基层及员工解决实际问题，增强本部人员的组织力、执行力，确保全年各项工作部署和任务有效落地。

  "服务基层年"活动效果如何，要从实际工作中看。

  一件小事让作业108队的工人记忆犹新。天气逐渐变热，前线员工想洗澡。"我在井场上遇到一位管理人员，虽然脸熟，但叫不上来名字，就顺口跟他说了一下，结果第二天移动板房就送到井上，我们就能洗澡了。"

作业105队党支部书记觉得大队综合办定期发送党员学习内容的举动对他来说颇为"方便"。"以前支部开展定期学习,我只能利用上井后的休息时间自己整理内容,现在综合办定期发送,我再不用对海量资料进行梳理了。"

活动开展以来,记录在"服务基层年"解决问题清单上的20多条大大小小的问题得到充分解决。"首问负责"和"一站式服务"的落实,让作业一大队员工反映的问题都得到了及时有效的反馈。

作业105队有一口作业井在田地中间,离路边有1公里多,干完活要搬家的头一天赶上下雨,别说车过不去,人走着都费劲。生产办知道这个情况后,承诺两天就让搬出去,第二天,多方协调筹集的600多块管排整齐地铺在了井排路上,真的就让作业105队搬家了。像这样的"高效事"有很多,却没有记录在问题清单中。

作业一大队生产办主任在"服务基层年"活动中一直在作业102队"挂职服务"。他跟着员工站井口、接管线,真正了解到了现在的基层工作。虽说有着21年工作的经历,但现在的施工现场和当年在基层小队时已经发生了很多变化,身处其中工作,也让他更精准地找到解决问题的办法。

在"服务基层年"活动中,作业一大队各组办进行了深入的"查、思、改",通过剖析会,落实整改问题4类共计34项；查找梳理管控流程中的漏洞和隐患，优化制度19项，流程简化8项；以"家教"形式到基层开展"一对一"伴学，先后开展党纪企规专项辅导36次……

井下作业分公司宋芳屯大型压裂施工现场

"踢皮球"现象变少了，解决问题的效率变快了，服务态度更亲和了……在"服务基层年"问卷调查中，让基层员工当"考官"，管理人员做考卷，给出的评判让管理人员的动力也更足了。

分公司开展的"服务基层年"活动让各级管理真正下沉到一线，探访交流600余人次，解决基层急难愁盼问题121项，各单位、各部门到井场聊困难、入车间问需求，帮助基层及员工解决实际问题，各项工作部署得到了有效落地，为带动分公司上下汇聚起强大合力，保障油田增储上产贡献井下的智慧和力量。

铁军文化助井下"强筋健骨"

企业文化有凝聚队伍、激励斗志、约束行为、导引方向、塑造形象,提高企业综合实力的功能和作用。分公司的铁军文化,正是来源于60年来的历史积淀。

铁军文化是站在高处看全局的理性认识。在铁军文化创建上,分公司遵循了"企业定位准确、比较优势明显、文化个性突出、核心竞争力强"的创建规律和原则,力争使各个理念"个性鲜明、具体实用、语言凝练、员工认同",在广泛征求意见的基础上,才使其更具功效性和特色性。

井下作业分公司铁军文化建设启动大会

履行使命，承担责任，是井下人的优秀品质。在铁军誓言的总结提炼上，分公司以外围油田"千方砂、万方液"的压裂突破，以油田长垣的增油增注效果，以成区块套损治理修井等管理和技术的创新，以多次完成油田抢险任务的显赫战绩，以科技增油百万吨以上的贡献等为实践基础，确定了以"铁肩担大任、铁心保稳产、铁志做贡献"为内容的铁军誓言。其主要内涵有三条。铁肩担大任：在"当好标杆旗帜，建设百年油田"的历史使命中，以"爱国、创业、求实、奉献"的大庆精神和勇于担当、敢于拼搏、善于创新的英雄气概，切实担负起资源探明率最大、油田采收率最高、分阶段持续稳产的大任；切实担负起以先进技术和管理抢占高端市场的大任；切实担负起保障油、气、水井安全的大任，在高质量服务油田振兴发展进程中担当大责任，发挥大作用。铁心保稳产：紧紧抓住推动高质量发展的关键期，以增储、增油、增注、增气为目标，以无坚不摧的必胜信心、不达目的誓不罢休的坚强决心和永不懈怠的持久恒心，加快修井、压裂、特种工艺技术攻关，做到无可替代。在勘探增储、长垣改造挖潜、外围难采储量经济有效动用、海塔增油上产、深层天然气开发上创新突破，为油田精准开发提供精准技术服务，为油田振兴发展提供坚强保障。铁志做贡献：面对油田开发中后期资源接替、稳产效益、经济质量、发展空间等诸多挑战，以居安思危、攻坚克难、勇于超越的坚强意志，以贡献智慧、贡献力量、贡献经验的坚定信念，走出一条控递减、控含水，具有自主知识产权的科技发展之路；走出一条敢担当、适应"两种资源、两个市场"需要的高素质、专业化、复合型人才保障之路；走出一条在油气资源勘探开发领域具有强劲竞争力的市场拓展之路，为油田振兴发展做出不断超越前人的新贡献。

精细管理、科学管理、优质高效是企业发展的本质要求。在铁军文化的分支理念提纯上，分公司连续12年被评为油田公司"安全生产、文明生产金牌单位""环境保护先进单位"，先后荣获"中国企业文化建设先进单位""全国安全文化建设十强"单位，通过全国"用户满意单位"复评的实践活动和"施工一口井，营造一片绿""按工序，不图简省时；求效益，不减料削工"等板块和基层特色文化为实践基础，在安全环保管理上，总结提炼出了以"把安全健康作为员工最大福祉，把安全生产作为企业首要任务，把绿色施工作为履行社会责任基本要求，营造生产生活与自然的和谐统一"为主要内容的"安全第一、健康为本、环境至善"的安全环保理念，旨在促进安全环保实现全过程控制，做到零污染、零事故，实现企业的本质安全。在质量管理上，把以"追求卓越质量，为客户提供满意产品是企业发展的生命；追求正确过程，为客户提供完美服务是塑造品牌的有效途径"为主要内容的"高品质施工，打造高品位形象"作为质量管理理念，旨在使全体员工牢固树立"为油田负责一辈子"的责任意识和"人人出手过得硬，项项工作质量全优"的行为规范，注重环节控制，注重过程正确，注重细节效果，把每口井的施工作为精雕细刻的作品献给用户，从而推动企业科学规范管理跃升新台阶。

大庆油田井下作业工人节活动现场

以铁军文化为引领，按照群众欢迎、便于参与、广泛受益的原则，突出群众化、业余化的方向，分公司丰富活动载体，创新活动形式，广泛开展群众性的文化体育活动，丰富广大员工群众的业余文化生活,推动企业文化发展。成立了篮球、排球、羽毛球、棋牌、摄影、书画等多个文体协会,种类较为齐全、覆盖范围较广。此外,基层单位也自发办起各种兴趣小组,如工程地质技术大队YY画室、工具厂器乐小组、特种设备修理厂修远徒步队和《蓝芽》杂志社等。

在积极为员工参加文体活动创造条件、搭建展示个人风采舞台的同时,通过各类活动,将团队精神贯穿其中,员工的情感、身心融于其中,让活动的参与者养成良好的道德和意志品质,让思想道德素质不断升华,形成浓厚的和谐、健康、文明之风,进一步增强企业的凝聚力、向心力。文体协会已成为分公司弘扬大庆精神铁人精神和井下铁军文化重要的前沿阵地。书画和摄影协会不定期举办作品展览,以艺术的形式展现井下铁军"作风顽强、技艺精湛、服务优良、堪当重任"的良好精神风貌,用员工自己的艺术作品宣传铁军文化、铁军风采,教育激励全体员工。特种设备修理厂修远徒步队以"徒开心快乐,走健康人生"为宗旨,制订了"追寻铁人足迹,走遍大庆百湖"的活动目标,在徒步中,寻找铁人足迹,体验发展历程,欣赏大庆美景,享受美好生活。徒步百湖的同时,坚持文学采风,撰写游记,讲述百湖故事,刊载游记的厂内部刊物《蓝芽》

曾经被大庆市作为员工精神文明成果，向黑龙江省作家协会第三次代表大会代表们推荐，得到了黑龙江省作协领导的高度称赞，展示了良好的"铁军形象"。

60年来，井下的企业文化对内发挥凝聚力、创造力和核心竞争力作用，对外展示企业形象，塑造企业品牌，提高市场竞争力，以其特有的魅力凝聚员工队伍，提升综合实力，为服务油田高质量发展，打造"四高四能""特种部队"注入无限生机与活力。

"一亮四不离" 星火终成燎原之势

党建工作，做实了就是生产力，做强了就是竞争力，做细了就是凝聚力。分公司党委实施先锋工程，深化党员挂牌上岗、党员责任区、党员先锋岗等活动，以党员的星星之火，引燃高质量发展的熊熊烈焰。作为分公司最鲜亮的一面红旗，修井107队党支部始终走在以党员引领队伍、以党建引领工作的前列。

2024年9月，修井107队接到了一项光荣的政治任务：代表大庆油田接受中共中央政治局常委、中央纪委书记李希视察。9月11日，李希在省、市领导的陪同下，来到修井107队施工作业现场。听到修井107队累计修井1474口，直接恢复产油50.1万吨，相当于小型采油厂一年产量的时候，李希赞许道："1000多口井，50万吨。很厉害。"在向井架行进路上，李希感叹道："这是全国的先进基层党组织，说到底这是我们的政治优势，最后你这个战斗力强不强，还得靠党支部、基层党组织，无数次真理证明，还得把党的建设抓到底，特别是到基层，党支部、党小组、党员，领导干部要以身作则。"

李希提到的"全国先进基层党组织"，是修井107队党支部在 2016 年 7 月被中共中央授予的荣誉称号。从油田先进基层单位，到中央企业"学习型红旗班组"等 130 余项荣誉，再到中国石油"企业精神教育基地"、黑龙江省"基层思想政治工作示范点"、大庆油田铁人学院、人才开发院、油田党委党校现场示范教学基地，及至 2016 年，新华社、人民日报、中央电视台等中央主流媒体竞相关注报道修井 107 队英勇抢险的先进事迹……

井下修井 107 队党员干部在进行应急抢险沙盘推演

沉甸甸的奖牌，是沉甸甸的责任，更是沉甸甸的使命。建队 42 年来，修井 107 队党支部初衷不改、底色弥新。能够把"战必用我，用我必胜"的红旗一直扛下去，得益于修井 107 队的干部员工心中，都有一面不倒的红旗。这面红旗，彰显的是听党话、跟党走，石油工人心向党的坚定信仰；这面红旗，验证的是强筋骨、塑队魂，攻关抢险担重任的铿锵誓言；这面红旗，诠释的是挺在前、干在先，急难险重党员上的先锋本色。

修井107队是大庆油田唯一一支井喷失控应急抢险队。"井喷失控"意味着危险，稍有不慎更会演变成灾难。"唯一一支"则彰显了技术能力，更意味着责任与担当。重任在肩，想要担得起来，就得在思想上做引导，修井107队确定了关键时刻党员上，急难险重冲在前的行为准则。历经二十余口疑难高危井应急抢险任务后，淬炼出了"一亮四不离"的抢险文化，锻造出了"拉得出、冲得上、扛得住、打得赢"的铁军作风，"一亮四不离"也成了多年以来107人自觉遵守的工作行为惯例。

进入新时代，踏进新征程。2024年，油田和分公司将修井107队"井喷失控应急抢险队"逐渐拓展到"疑难修井攻关队、应急抢险专业队、员工技能培训队"的建队新目标。"一亮四不离"倡议也顺其改变，更加符合新时期的发展要求。

挂牌亮出党员身份。修井107队党支部将佩戴党员标牌作为每天工作中必须遵照的日常"标配"，结合党员干部岗位实际对全体干部员工进行"两个必须"要求，即在工作时间必须佩戴党员徽章，参加各类活动必须佩戴党员徽章，把共产党员的先进性充分体现在生产经营各环节，时刻提醒自己要严格自律、以身作则，接受群众监督，进一步激发党员的自豪感和责任感。

年节假日不离岗位。修井作业常年在野外倒班，年节假日需要部分员工坚守在一线岗位不能回家，修井107队党支部党员干部主动承担起年节假日的生产施工任务，为员工争取更多的休息时间，同时利用工作间隙在井上开展视频送祝福、猜灯谜、年夜饭等家庭活动，坚决做到施工进度不落下、现场标准不落下、节日氛围不落下，以党员干部"坚守岗位有我在"的责任心不断温暖员工身心，员工队伍归属感不断增强，为生产平稳施工提供坚强保障。

重要工序不离现场。每逢重要任务，修井107队党支部的党员干部始终坚守在修井现场，始终以身作则，始终带头攻关，始终与员工同吃、同住、同劳动，在执行任务期间召开施工准备动员会为员工打气鼓劲，通过关键节点分析会助推任务推进，利用总结经验交流会提升队伍素质，真正做到"困难挑战面前有党员"，充分发挥党员干部"带头人"和"定海针"作用，确保在套损区治理、管理提升、应急抢险等任务中彰显铁军作为。

创新攻关不离责任。修井107队党支部不断聚焦主责主业，主动承担多种类型井的攻关任务，在创新攻关的过程中，修井107队党支部严格执行党员干部到岗带班和关键环节24小时盯岗制度，充分发挥党员干部在项目攻关中的"三能"作用，即当面能交流、作业能互控、施工能保障，不断加快创新攻关步伐，盯住、卡死、严把每一道关键工序，真正做到研究到现场、层层抓落实，保证关键工序能够及时、准确进行，队党支部通过打造坚实的壁垒工程，确保疑难井攻关管理有序可控。

井下修井107队在方402井抢险施工

应急抢险不离火线。修井107队党支部党员干部始终把任务现场视为检验训练成效的战场，在升深2井、方402井等应急抢险任务面前，以蒋德山等为代表的党员干部始终发扬"脚踏生死线，勇闯火山口"精神，无论是天寒地冻的恶劣环境，还是火光冲天的抢险现场，带头冲锋抢险第一线，带头轻伤不离井口，带头执行危险工序，真正做到关键时刻站得出来，危急时分豁得出去，在急难险重任务面前，用实际行动为油田筑起一道安全屏障。

凭借人人心中那面不倒的红旗，修井107队的优良作风在油田内外、社会各界赢得了广泛赞誉，猎猎飘扬的旗帜迎风愈展，历久弥新。

《井下铁军战歌》

铁 风 词
杜 鸣 曲

1=F 4/4
斗志昂扬地

5 3·2 1 5̣ | 5 - 5 0 | 6· 3 6·6 | 5 - - 0 5 |
我 们 是 井 下 铁　军， 担 当 神 圣 使 命， 让
我 们 是 井 下 铁　军， 传 承 大 庆 精 神， 让

3· 5 6 5·6 | 5 2 3· 1 | 2·2 2 6 5 1 | 2 - - - |
油 井 焕 发 青　春， 让 石 油 滚 滚 奔　涌。
油 井 澎 湃 活　力， 让 石 油 流 淌 深　情。

5· 5 3 5 | 1 2 3̣ - | 2·3 5 6 5 1 2 | 1 - - 0 |
艰 难 险 阻 敢　上， 气 浪 火 海 敢 拼 敢　冲。
踏 着 铁 人 足　迹， 标 杆 旗 帜 永 远 鲜　红。

6 5 6 - | 1̇· 1̇ 4 5 6 - | 5·6 6 5 3 2·2 1 | 5 - - 0 |
准 备 着， 时 刻 准 备 着， 战 必 用 我 用 我 必　胜！

6 5 6 - | 1̇· 1̇ 4 5 6 - | 5·6 6 5 3 2·3 5 | 1 - - 0 :‖
准 备 着， 时 刻 准 备 着， 战 必 用 我 用 我 必　胜！

1̇· 5 6 3 0 | 5· 5 6 2̇ | 1̇ - - - | 1̇ 0 0 0 0 ‖
战 必 用 我， 用 我 必　胜！

《井下铁军战歌》

后记

经过近一年编撰，焚膏继晷，《铿锵足音——大庆油田井下铁军征程60年》终于与读者见面了。这本书的诞生，不仅是对井下作业分公司60年光辉历程的回顾，更是对一代代井下人拼搏精神的致敬。它的完成，凝聚了无数人的心血与智慧，也承载着我们对历史的敬畏与对未来的期许。

编撰这本书的过程，是一次与历史的对话，也是一次心灵的洗礼。一年多的时间里，我们翻阅了219卷档案，走访了176位老领导、老同志和员工家属，发出咨询信函37封，视频和电话访谈890余次。每一次查看资料、每一次拆阅信件、每一次倾听讲述，都让我们深深感受到井下历史的厚重与辉煌。那些用智慧与汗水铸就的成就，那些用信念与坚守书写的传奇，让我们为之动容。

作为井下人，我们为这段历史感到无比自豪；作为新时代的传承者，我们更深知肩上的责任与使命。

记述井下作业分公司的发展史，应该说是一件不容易的事。在爬梳这段内容十分丰富、脉络错综复杂的进程中，我们撷取了一系列具有代表性的大事件，试图以点带面勾勒出一幅井下作业分公司成立60年波澜壮阔的历史长卷。然而，历史细节浩如烟海，有些史实因年代久远难以考证，尽管我们多次征求各方意见，反复核实专业术语与数据，仍难免存在疏漏与不足。在此，我们诚挚地希望读者能够给予批评与指正，以便我们在未来的修订中不断完善。

这本书的完成，离不开许多人的支持与帮助。我们感谢油田老领导的悉心指导，感谢油田党委宣传部的关心与支持，感谢其他兄弟单位的无私协助，更感谢每一位为本书提供史料与图片的单位和个人。正是你们的贡献，才让这段历史得以鲜活地呈现。

六十年一甲子，是一段难忘历程的终章，也是另一段新征程的起始。井下铁军的品格，早已融入每一位井下人的血脉，成为我们前行的动力。愿这本书，不仅是对过去的铭记，更是对未来的启迪。愿每一位读者，都能从中汲取力量，在新时代的征程中，继续书写属于井下人的光荣与梦想，再创新的荣耀与辉煌。

《铿锵足音——大庆油田井下铁军征程60年》编委会

2025年4月